U0502824

幸福处方

让人生变好的7个科学方法

〔美〕斯蒂芬·特恰克　　〔美〕安东尼·马扎雷利　著
（Stephen Trzeciak）　　　　（Anthony Mazzarelli）

魏本超　译

中国科学技术出版社

·北　京·

WONDER DRUG: 7 Scientifically Proven Ways That Serving Others Is the Best Medicine for Yourself by Stephen Trzeciak and Anthony Mazzarelli, ISBN: 9781250863393
Copyright © 2022 by Stephen Trzeciak and Anthony Mazzarelli
This edition arranged with InkWell Management, LLC.
through Andrew Nurnberg Associates International Limited
Simplified Chinese edition copyright © 2024 by China Science and Technology Press Co., Ltd.
All rights reserved.
北京市版权局著作权合同登记　图字：01-2023-1394。

图书在版编目（CIP）数据

幸福处方：让人生变好的 7 个科学方法 /（美）斯蒂芬·特恰克（Stephen Trzeciak ），（美）安东尼·马扎雷利（Anthony Mazzarelli ）著；魏本超译 . — 北京：中国科学技术出版社，2024.4
书名原文：Wonder Drug: 7 Scientifically Proven Ways That Serving Others Is the Best Medicine for Yourself
ISBN 978-7-5236-0534-9

Ⅰ . ①幸… Ⅱ . ①斯… ②安… ③魏… Ⅲ . ①人生哲学—通俗读物 Ⅳ . ① B821-49

中国国家版本馆 CIP 数据核字（2024）第 041809 号

策划编辑	何英娇	**责任编辑**	孙　楠　何英娇	
封面设计	仙境设计	**版式设计**	蚂蚁设计	
责任校对	邓雪梅	**责任印制**	李晓霖	

出　　版	中国科学技术出版社
发　　行	中国科学技术出版社有限公司发行部
地　　址	北京市海淀区中关村南大街 16 号
邮　　编	100081
发行电话	010-62173865
传　　真	010-62173081
网　　址	http://www.cspbooks.com.cn

开　　本	880mm×1230mm　1/32
字　　数	242 千字
印　　张	11.25
版　　次	2024 年 4 月第 1 版
印　　次	2024 年 4 月第 1 次印刷
印　　刷	大厂回族自治县彩虹印刷有限公司
书　　号	ISBN 978-7-5236-0534-9 / B·164
定　　价	69.00 元

（凡购买本社图书，如有缺页、倒页、脱页者，本社发行部负责调换）

我是安东尼·马扎雷利。你们还是叫我马兹吧。

我所在的库珀大学医疗保健中心（Cooper University Health Care）是一个位于新泽西州南部的学术型医疗机构，包括一所附属医学院（旗舰医院）、一个一级创伤中心和 100 多家诊所。目前，该医疗保健中心年创收达 16 亿美元，拥有员工约 8500 人。2013 年，我被晋升为首席医疗官（CMO）。那一年我 38 岁，现在看来，那么年轻就担任如此重要的职务，简直有些不可思议。当然，我之前从未担任过首席医疗官，库珀大学医疗保健中心之前也从未有过让一名急诊科执业医师担任这一职务的先例。之所以能够获得这一资格，我想其原因不仅在于我有丰富的从医经验、有法学学位，还在于我为人处世的能力。我上任后才知道，首席执行官和董事会让我担任首席医疗官，是冒了很大风险的，我非常希望我能胜任这一职务。

不久后，也就是 2014 年，首席执行官告诉我她聘请了一家顶级的咨询公司，专门负责处理员工和医生敬业度以及患者满意度这些问题。她说："这家公司在这方面无出其右，他们会来帮我们的。"

我完全赞成。有人帮忙，我高兴还来不及呢，自然不会拒绝。所以我就去见了顾问，他们给了我一张清单，上面列出了我们医院 500 名医生需要改进的方面。我依稀记得几条，比如"说谢谢""介绍自己""善于倾听""不要打断别人""多点头"。总之，就是要求我们这些医护人员表现出更多的同情心，与患者建立良好的关系。

我一边听他们讲述，一边点头，一次也没打断他们，但我心里一直在嘀咕，"我永远也不会让医生们做这些鸡毛蒜皮的事"。医生们，请原谅我这么说，但我们之所以闻名，并不总是靠软能力，或者说，至少不是靠改变细节。（医学院的教授们认为客户服务并不是他们的职责，我似乎听到他们说："那是护士和社会工作者的事。"）我们的医生都是学术型的，他们用自己的方式行医 30 多年，作为我们医学院的教师，他们也一直在用同样的方式教育学生。如果我让他们按照咨询公司的建议去做，大部分人肯定会翻着白眼说"我已经很有同情心了"或者"纯属浪费时间和精力"。在他们眼里，这张清单就是废纸一张。

同情心：认识到他人的痛苦，然后采取行动予以帮助

我在医学院学习期间，我们的课程并不会明确讲授同情心。同情心这三个字不会出现在讲座的标题里，也不会出现在试题的答案里。但我在医院大厅和病房里了解了同情心为何物。当我站在需要同情心的那一方时，我才意识到同情心的力量，深深感受到同情心的影响力。

2013 年，我的妻子乔安妮（Joanne）即将临产，我带着她慌

忙赶到库珀医院的产科诊室。乔安妮是一名心脏病医生，我们有理由担心胎儿的安危。尽管她再有几天就到预产期了，但她当时已经好几个小时没有感觉到胎动了。护士努力寻找胎心的位置，结果找了半天也没有找到，但她丝毫没有表露出自己的担忧。护士还是那么镇静，说了一些安慰我们的话。

产科医生推着一台超声波诊疗仪器走了进来，她先用同样平静而又宽慰的口吻介绍了自己，接着说道"你们在这儿就不用担心了，从现在起，你们将得到我们的专业诊断"。这句话的语气介于"我知道这可能非常糟糕"和"一切都会好起来的"之间，而且似乎刚好找到了二者之间的平衡点。

但情况未见好转。即使医生使用了库珀医院最先进的技术设备，也仍未找到胎心的位置。告诉准父母们噩梦般的事实，这对产科医生而言或许是最艰难的一件事。我妻子怀的是一个完全成形的胎儿，可胎儿却没有任何生命迹象。

我永远也不会忘记那一刻，我完全陷入了悲痛之中。作为医护人员，我曾处于完全相同的情况中，但现在至少可以说，亲身经历的感受是完全不同的。从那时起，这件事反复在我脑海中浮现，我永远都会记得并感激医护人员那天给予我们的同情。这种感激会不断回荡和重现，所带来的力量比人们（包括医生）能意识到的更强大。每一句深思熟虑的话语、令人安心的语调、安慰的抚摸，甚至是希望破灭时的沉默，对我们来说都至关重要。以前是这样，现在还是这样，以后永远都是这样。我们失去孩子的痛苦与我们对医护人员的感激之情是交织在一起的，这很有用。当你万念俱灰时，你要寻找任何一点儿光亮，然后专注于它。

患者及其家属可能不会记得医生、护士的名字或长相，但他们会记得我们给予他们的哪怕一丁点儿的安慰。那些暖心时刻也是我们要讲述的内容。波士顿施瓦茨爱心医疗中心的创始人肯尼思·B. 施瓦茨（Kenneth B. Schwartz）是一名癌症患者，他曾说："同情心'让痛苦不再难熬'。"

如果我没有失去孩子的经历，我还会认为同情心这么重要吗？我不敢说。但我知道我会采纳顾问的建议，我还要让整个医疗保健系统都参与进来。从人性的角度来说，我希望我所领导的团队能够像那天对待我和妻子的医护人员那样，始终做到关爱并同情患者及其家属。我还有一个商业目标，那就是让我们的医疗体系效率更高，收益更好。面对现实吧：最终盈利确实很重要。如果同情可以帮助我们获得更多的利润，那将是一个双赢的局面。相信库珀大学医疗保健中心的领导们也会这样想。他们希望我这位新上任的、有史以来最年轻的首席医疗官能够实现这一目标。如果我没能完成，他们可能就会因为聘用了我而自责。

我解决复杂问题的办法很简单：给斯蒂芬·特恰克打电话。我希望生活中的所有问题都能通过给斯蒂芬打电话得到解决（也许它们真的能被解决？）这次的这个问题他肯定应付得来。斯蒂芬是一名特护医生（重症监护专家），曾担任库珀大学医疗保健中心重症医学科主任。他是当之无愧的"科学达人"；在我们保健中心，他是获得美国国立卫生研究院研究基金资助的第一人，发表的论文最多，也是我们最优秀的研究员，还是超级学霸。不仅如此，从医学院毕业后，我还在库珀医院当住院医生（实习医生）那会儿，斯蒂芬就已经是主治医生（我的老师）了。我们是老相识了。但即使我们没有这段职业上的经历与友谊，我也会先找他来解决这个问题。

我的逻辑是，除了学术能力最强的人，还有谁能改变我们学术人员的想法？如果斯蒂芬能够利用他学霸的优势进行大量研究，从而证明同情心会让我们的医疗系统比过去几十年来运行得更好，那么我们的依据就会更有说服力，而不仅仅是"顾问是这么说的"。我知道在我们整个医疗系统的医生中有实力很强的领军人物，他们相信数据，引导他们的医护人员用数据说话。我的目的就是要把科学证据变成武器。我们必须制造一枚数据炸弹，然后把它投向那些持怀疑态度的人。斯蒂芬就是我们的奥本海默（Oppenheimer）❶。

* * *

我是斯蒂芬·特恰克，叫我斯蒂芬就行。

马兹叫我去讨论一个新的研究项目，深入研究同情心、同理心、善良——任何在医疗服务领域属于"别当笨蛋"范畴的东

---

❶ 尤利乌斯·罗伯特·奥本海默（Julius Robert Oppenheimer，1904—1967），著名美籍犹太裔物理学家、曼哈顿计划的领导者，美国加州大学伯克利分校物理学教授，被誉为"原子弹之父"。——译者注

西。他说:"你是科学达人。你能不能把这一连串的建议科学化,给我提供证据让我可以向医疗人员证明,同情心有助于提高最终利润?"

我首先想到的是:"好吧,我可不想那么做。"

然后想到的是:"人们真的叫我'科学达人'吗?"

我一直称自己为"研究迷",因为我确实热衷于从提出假设开始,然后做实验,收集数据,最后得出结论。我用科学方法处理生活中的几乎所有事情,尤其是我的工作。

当时,我主要研究复苏术,这是一门抢救濒死之人的科学。对心脏骤停患者,我们可以通过实施心肺复苏将其抢救过来。为了防止对他们造成脑损伤,在美国国立卫生研究院的资助下,我对血液含氧量的最佳值进行了研究。但这项研究可能只有 5% 的医生和其他少数人感兴趣。随着我研究事业的发展,我感到一种内在需求,那就是我要把精力和专业知识投入对所有专业都有意义的研究中去,而不仅仅是我自己的专业。但我很难找出一个对所有专家、初级护理医师或外科医生都有影响力的课题。

在这一点上,同情心这一课题满足了这个条件,我发现自己对马兹的要求很感兴趣。

除此之外,我个人也迫切想深挖一下这个主题。马兹不知道我最近一直在与一些可怕的、令人不安的想法做斗争,这些想法正涉及关心和帮助他人的问题。

简单介绍一下我自己。我是做重症监护的。在重症监护室里,我经常会见证一些人生命中可能最糟糕的一天。我的患者是离死亡最近的。严格来说，我并没有真正"见到"我的许多患者，因为当我来的时候，他们通常是无意识的。在重症监护室工作了 20 年后，我明白了一件事：生命是脆弱的。

有一天，我不得不告诉一位单亲妈妈，她 19 岁的女儿——她唯一的孩子，最好的朋友，"宇宙的中心"——再也不会醒来了。

在那天开车回家的路上，我甚至想到了自己几乎一辈子都不会想的事：不知道我还能不能坚持下去。

我已经麻木了。职业倦怠在医护工作人员中就像感冒一样普遍。真实而沉重。其主要症状是人格分裂、情感枯竭以及一种无论你如何努力都无法改变事实的无力感。

这些症状我都有。我曾读到过，产生职业倦怠的医生造成医疗过失的可能性是原来的两倍。我深知，医疗过失是导致患者死亡的主要原因之一。医生是所有职业中自杀率较高的职业之一，职业倦怠是其中一个重要原因。

我不愿意承认这一点，但我多少有点儿担心自己正走向一条漆黑的道路，我迫切需要尽快调整方向。我是个喜怒不形于色的人，同事们根本看不出我现在有多么疲惫。辞职是奢望，因为我有四个孩子和一笔按揭贷款，而当医生的收入很高。但这个问题必须解决掉，否则我可能会将自己和他人都置于危险之中。

于是我用到了自己解决问题的一贯方法：科学。关于如何缓解职业倦怠症状，有研究称要去大自然远足、做高温瑜伽、下载一个冥想软件或给自己放个假。大体来说，成为一名更好的医生的方法竟然是远离医院和患者。

逃避主义就是建立在这样的信条上的：如果医疗服务人员减少照顾患者的时间，而选择更多的自我照顾，也就是"自我的时间"，那么职业倦怠就会消失，好心情也会奇迹般地随之而来。

对这种方法我是不相信的。因为这是不可能的。解决工作场所倦怠的方法不可能是逃离。特别是对我所在部门的负责人来说，这怎么会是长久之计呢？在医护方面，必须从根本上改变一些东西，才能扭转我以及其他人的孤立感、情感的疲惫和绝望。

在我职业生涯的关键时刻，当我正试图找到自我救赎的方法时，马兹给了我一根救命稻草（尽管我当时并没有意识到）。这个项目转移了我的注意力，给了我一些除了倦怠以外的思考，仅此而已。

共情：理解和分担他人感受的能力

我从一些关键问题开始入手：共情和同情会产生怎样的生理和心理影响？"别当笨蛋"的效果是可以衡量的吗？

我的科学研究方法是使用严格的方法论，而不是让个人感情影响研究。马兹不但是一名医生，也是一名律师；他知道如何进行论证。而我则是披着不可知论科学家的外衣，保持研究的公正。

我们对科学文献的详查从 PubMed❶ 开始。我和马兹都以为研

---

❶ PubMed 是一个提供生物医学方面的论文搜寻及摘要，并且可以免费搜寻的数据库。——编者注

究犹如涓涓细流，结果这涓涓细流却变成了滔天大河。一项研究引出一项新的研究，新的研究又引出另一项新的研究。总之，我们查阅了上千份科学文摘，并把相关度最高的资料收集到一个超级极客的电子数据表格中，我们亲切地称之为"馆长"。内容也从少数几个研究报告积累到 280 个。在这之前从来没有人把关于这个主题的所有研究汇编到一起。

这些关于同情心的文章发表之初，读者可能觉得它们非常有趣，可能也会觉得受益匪浅。这些文章确实在社会上泛起了涟漪，一些研究甚至溅起了巨大的浪花。但根据我们综述中的方法，最终将所有关键研究联系在一起后，正如涟漪和水花汇集形成了一个精准的数据浪潮一样，结果可能改变整个医疗服务。

我将把一年的研究浓缩为几个字：同情心焕然一新。

无论在医疗服务的哪一方面，医生和护士的同情心都对患者的病情有利：从减少患者对疼痛的感知，到缓解压力引起的疾病、加速重症的恢复，再到提高患者配合度——这样的例子还有很多。可以说，马兹现在有了数据炸弹，马兹把它们掷给了老派的学术人员。他们无法否认这些压倒性的证据，即同情心有助于医疗服务系统运行。我和马兹都认识这些医生，知道他们有能力根据循证医学改善对患者的治疗。他们以提供最佳的医疗护理实践为荣。现在，我们已经研究出了如何科学改变患者疗法的数据——跟医生们为了练就精湛医术而阅读和信赖的那些医学期刊相比，这些数据同样具有严谨性。

一路上，当我阅读了一份又一份研究报告后，我燃起了一丝希望。证据显而易见：治愈我职业倦怠的方法不是逃避。**我可以通过建立更深层次的人际关系，增强自身适应力，使自己免受职业倦怠的困扰。**

1992 年，在我刚开始就读医学院时，我记得有人教我不要与患者或他们的家人走得太近。我的老师说，不过分联系或关心其实是一种情感保护。马兹将这一没有出现在医学教科书中的课程描述为"隐性课程"的一部分。但是学生可以通过在教学医院的大厅和值班室里与资深医生的交流中学到这一点。当时的想法是，就像那句台词说的"靠得太近会被刺痛"一样，过多的同情心和关怀反而会适得其反。问题是：当你真正研究科学文献时，结果却出乎预料。

想象一下，当我们发现大量的证据表明同情心和职业倦怠之间的关系实际上呈负相关的时候，我们得有多么惊讶。同情心弱，职业倦怠程度往往较高；同情心强，职业倦怠程度往往较低。这表明多与人联系是有好处的，医生的保护盾实际上是更多有意义和充实的医患关系。我们应该多关心、多联系患者。

我一直认为自己是一个富有同情心的医生。不过，事后看来，我可能有些冷漠了，只顾着临床应用（如重症监护室里的表盘、显示器和电脑等这些科学上的东西），而没有把全部注意力和关怀放在与机器相连的人身上。这就是我感到如此疲惫的原因吗？**这里的反直觉发现是，医护人员的同情心不仅有利于患者病情好转，也可以改变自身的体验感。**

我将自己作为唯一的研究对象验证这一点。在科学文献中，一项研究的受试者人数用"n"来表示。所以对我的实验来说，"$n=1$"。我的非官方研究题目为："同情心是否会改变医护人员的体验感？"

我的一项研究表明，只需要 40 秒的同情心，就能改变患者和医生。（后来，我做了一个演讲，主题是"医疗服务者的同情心危机"。）所以我开始有意识地多花至少 40 秒对患者及其家属说鼓励的话。我努力与患者有更多沟通，给予患者更多关爱，让自己与患者及其家属关系更近。有时很棘手，因为就像我说过的那样，很多患者是无法亲眼看到我或亲耳听见我说话的。所以我必须转变内在，把关爱重新投入我提供的医疗服务中去，不仅是对患者、对家属，对那些劳累过度、压力巨大的同事也是如此。

很快，在新方案的指导下，我的工作更加顺利了。我再一次对能成为一名医生感到兴奋。也就是从那时起，职业倦怠的迷雾开始散去。无论是在医院里面，还是在医院外面，同情心都改变了一切。

当然，职业倦怠并不局限于医疗服务行业。同情心危机无处不在。大多数人——包括我和马兹——并不是为了不断寻找关爱和服务他人的机会而审视这个世界的。我们大多数人审视世界都是为了解决自己面临的问题，寻找服务自己的方法。我们被社会化了，习惯于把自己的需求放在第一位，这不是我们的错。但在这一课题的 4 年多研究中，我和马兹发现，通过为他人服务，我们自己也受益匪浅。

当我们两个开始做这个兼职项目时，我们从未想过要改变人心，我们是要改变他们的思想。医学艺术中存在真正强大的科学。我们最终改变了自己的想法和人生使命。

为了消除职业倦怠并使自己不再受此困扰，我们开始尽可能地在工作中增加同情心。我们在库珀大学展示了我们的研究，说服教师们尝试新的教学方法并测试其有效性。随后，一家消费者市场研究公司也通过研究目标人群和其他方面发现，当公众想到库珀医院时映入脑海的就是该医院医护人员的关怀和同情心。在医院的一次会议上，服务部负责人和系主任以压倒性的票数支持将同情心作为我们医疗系统的核心价值之一，在此后不久这一决定就被官宣了。而且，随着患者体验感和医生、员工参与度的不断提高，我们医疗系统的财务状况也在逐年改善。同情心力挽狂澜！

大约在那个时候，我（斯蒂芬）晋升为医学部的主任，不久之后，马兹也晋升为整个医疗系统的联合总裁和首席执行官。

这个故事不只局限于新泽西州南部。相信我们的研究和结论将有益于整个医疗行业。于是我们写了一本书，名为《同情经济学：关爱带来改变的革命性科学依据》(Compassionomics: The Revolutionary Scientific Evidence That Caring Makes a Difference)。

新的研究给我们开辟了一片新天地。在担任首席执行官的同时，马兹开始在媒体上发表同情心在医疗和财务方面的作用的演讲。我现在的研究重点是同情心和共情工具。我过去关于含氧量等方面的工作对于获得研究资助、堆叠引用和充实简历确实很有帮助。但它并没有真正让任何人感觉更好。

于是我们决定：虽然我们还算年轻，但我们的时间只能用来做最重要的事情。

这本书做到了物尽其用。医疗服务人员和其他读者也都做了自己的 $n=1$ 实验——亲自验证了同情心假设——发现了和我一样的结果，这本书确实对他们帮助极大。随着该书的出版，改变生活的电子邮件和信件纷至沓来，我们不禁思索并假设：**本书难道只适用医疗服务人员吗？……我们的研究结果能不能适用于所有人呢？**

这是这本书问世的一个重要原因。我的 $n=1$ 实验产生了观察结果（即提高了幸福感），许多其他医疗服务人员得知后，都效仿了我的做法，于是我们便有了更多的数据。

在我们的研究中，下一步便是从医疗服务人员延伸到每个人——从同情患者到服务（所有）其他人和利他主义。

利他主义：无私的关心和为他人谋幸福

医疗服务人员善于给予正在经受苦难的人同情心。非医疗服务人员的人也可能善于推广利他主义，服务我们周围的人（不一定是受苦的人）。我们决定再次综合证据，验证这样一个假设：在普通人中，服务他人也是治愈自己的良药。如果奉献行为有助于医护人员情感恢复，那么它是否对所有人都有同样的作用呢？

我和马兹有时会讨论一些宏观的问题。

情绪和身体恢复力的关键是什么？

是人际关系。

改善人际关系的关键是什么？

奉献自己。服务他人只会有所得而不会有所失。**奉献对任何人来说都是一种强有力的心理疗法。**

《同情经济学：关爱带来改变的革命性科学依据》中的大问题是：同情心真的那么重要吗？

答案是肯定的。我们有数据支撑。现在经过两年多的策划研究，在实验中测试并广泛分享，我们已经有强有力的证据表明，在任何环境中，为他人服务都是一种良药。

这就带来了几个仍需回答的大问题：

如果你学到的关于幸福和满足的一切都是错误的呢？

如果成功的秘诀不是你想的那样呢？

基于证据的生活方式又是什么？

传统的思维是要以自我为中心，以自助为目的。（顺便问一下，这对你起作用了吗？）这不合情理。大量的科学证据指向一个一直摆在我们面前却完全不同的范式。

自我服务、自我帮助的文化不会让你获得真正的幸福、满足或成功。但我们可以证明，服务他人会帮你实现这些。

我们希望引领的范式转变是：服务他人，你的生活只会以最好的方式打开。但令人费解的是，如果你只是出于自身利益去做这件事，那结果还不如不做。我们将向你说明为了从我和马兹所说的"为奉献而生"中获益，你必须认真对待的原因。我们要求你去关心，去真正地关爱他人，并付诸实际行动。这不是一门微妙的"艺术",这是硬科学。我们已经有了足够多服务他人的科学依据,如果你想让大脑重新感受快乐,让自己更健康,你就必须全力以赴。

回旋镖效应——相信善良会回到你身边,结果甚至可能出乎你所料。但是,在经同行参与评议的科学期刊上报告的有关数据出来之前,我们也不能认可它就是一种有科学依据的生活哲学。

爱心传递——做好事来回应他人的善举,是保险杠贴纸上的经典箴言。我们从来没有建议人们不去传递爱,但要说作为一种基于科学的策略,目前还没有可用的数据。

回旋镖效应以及爱心传递是情感的、感性的概念。人类在这些概念中得到慰藉,因为人们"感觉"这是公平的。它们给了我们安慰和某种程度的约束。例如,如果我是一个好人,我就会过上幸福的生活,尽管我们知道并能在自己的生活中看到,任何人都无法让自己免于生活中的曲折和困境。即使你是个好人,也无法避免坏事的发生。

服务他人或奉献自己并不是你与宇宙的交易。它是一种生活方式,可以缓解压力、调整生理机能、加深与他人之间的关系、增强对困境的适应力,甚至可以提高你的收入。

不过,给予不是交易而是一种转变。它让我们生活在情绪积极和身体健康的良性循环中。那些想通了这一点的人,要么是看到了科学结论后产生了新启示,要么是科学正好证实或者支持了他们的直觉,这些人被我和马兹称为"为给予而生"。

人们往往出于道德和伦理选择利他主义。但另一种途径,也就是我们正在推崇的方法，同样能诱发利他主义：理性。在最近的一项研究中，来自哈佛大学、普林斯顿大学和布鲁克林学院的科学家们，在针对为贫困儿童发起的慈善活动中，让 975 名参与者面临下述集中诉求——情感诉求、理性诉求、情感和理性诉求的组合，以及一个对照组。情感诉求组有一张贫困者的照片。理性诉求组则使用数据和基于证据的论据为大家提供捐款的理由。随后，研究的参与者被问及在 100 美元中，他们会捐给慈善机构多少钱。你可能会认为，关于疾病和痛苦的感性宣传，加上一张贫困者的照片，会得到最多的捐赠。但是，理性宣传手段用数据展示帮助这些人对大家产生的影响，这种方法也同样有效。

在这本书中，我们呼吁你的理性，你的智慧。我们用科学的方法来证明，生活应该专注于服务他人。你不必觉得是责任使然，也不必刻意行善事。我们提出了一个利他主义方案，因为事实证明真的有用。

我们的方式是用不熟悉的方式来看待熟悉的事物。对那些通常认为是心理情感或道德伦理领域的概念，我们用科学的态度审视它们。例如，我们可以从是否具有明显意义和是否明白可见这两方面来分析无私是如何有益于婚姻的，或者跨党派寻求共识是否有益。我们可以提供统计数据，说明为什么重要、有多重要、如何起作用，以及触发了哪些生物机制。

作为致力于通过科学改变思想的医生，我们只认数据。且我们有大量的数据证明，如果你乐于奉献，你会活得更快乐、更健康，有更好的人际关系以及在工作上取得更大的成功。你想从生活中得到的一切都可以通过专注于服务他人来实现。通过利他主义，你会获得新的身心状态，变成一个崭新的人。

有一点必须说清楚，本书不讲劝善，只讲科学。我们也不是慈善家，我们是医学科学家。我们向你保证，你不会从我们这里得到"比你更神圣"的东西。

科学研究表明，给予比索取更有益。而在这里，我们的工作就是传递这个信息。为他人服务可以是一种万灵丹，可以有效治疗多种"疾病"，而且基本上没有副作用。

假如你身处黑暗，正陷入困境或感到迷茫，我们给你开出的药方就是服务他人。我们想把这剂药方推荐给所有人，甚至想把它泵入供水系统。由于我们还（暂时）没有想出如何做到这一点，所以我们先为你们提供这本书。

或许，关于"自我帮助"，《幸福处方》是一本理性主义的书。本书将教你通过放弃"利己"从而实现真正的"自我帮助"。

第一部分讲述的是利己主义盛行，这就是我们面临的现状。我们在很小的时候，就已经接纳"自我文化"了。起初，孩子们会自然而然关心他人的幸福，但随着年龄的增长，他们受到"做自己"观念的影响，面对竞争，且必须选择自己想过的生活。"追求你的幸福"听起来没有恶意，但潜台词是让人们变得自私。实际上，帮助别人是我们的本性，同时对我们的身体也有好处，所以我们必须摒弃这种"损人利己"的心态，接受在服务他人中成长的观念。

第二部分介绍疗法，所有服务他人的方法都能让你的一切好起来。下面我们将详述：利他主义对身心健康的益处，利他主义如何让你幸福和如何让你工作成功。现在我们要知道你的大脑——神经传输路径的激活——因利他主义而改变。当你与他人建立联系时，会受到如内啡肽、多巴胺、催产素和血清素等奖励中枢激素的刺激，你会因此感觉良好。你的"战斗或逃跑反应"会因服务他人得到缓解。一个常识，慢性应激是系统性慢性炎症的主因，而系统性慢性炎症会引发心脏病和癌症。

以下是服务他人的潜在健康益处：

- 延长寿命
- 更好地控制血压
- 减少诸如心脏病和中风等心血管疾病的发生
- 改善老年人的身体机能
- 减少慢性炎症的发生
- 延缓衰老
- 增强意志力和身体耐力
- 更有精力
- 提高睡眠质量
- 缓解情绪低落
- 缓解焦虑
- 获得更多幸福感和满足感

在你的职业生涯中，服务型领导者的心态可以帮你获得同事的忠诚和奉献，贪婪只能招致他们的愤怒、怨恨和不满。实际上，奉献主义者会更成功，赚得也更多。在你的个人关系方面，利他主义让你在潜在的恋爱对象眼中更加有魅力，在婚姻中会成为更好的伴侣。

第三部分，处方。我们开出了七种处方，用来帮你服用"给予"这种"良药"并改变你的人生，效果立竿见影。这些处方能治愈你身体和情感上的不适，而且不难下咽。它们更像是一勺糖，而不是结肠镜检查前的准备工作那样，让人痛苦不堪。科学表明，践行"奉献主义"并不会颠覆你的生活和周围环境。你不需要卖掉所有财物，不需要去远处的井里打水。其实，第一个处方就是"从小事做起"，将不起眼的同情融入日常生活。这些处方不断塑造着你，直到彻底改变你的人生观和人生经历。

值得一提的是，奉献行为的门槛虽不高却影响深远。读到这里，你已经开始了"个人范式转变"。个人范式是一种生活的信仰或框架，个人范式转变是反思信仰、重塑观念模式的过程。要想改变生活，就得改变一些范式，如"胜者为王"和习惯性地问"对我有什么好处？"等，这些都是你一直习惯相信的思维模式。让你的大脑接受像"我们共同面对"，以及"我能帮什么忙？"等新观念，你会做出改变，这种改变能带你渡过危机，让你的生活更有创造力、更充实。

如果你还没有"感觉到"，那也没关系！你不需要用情绪来左右你的想法或行为。你只需要相信科学并继续把这本书读下去。在本书结束时，你将成为一个业余的数据迷（嘿，迷意味着爱好者，没什么不好）。我们像你一样，没有创造这个主题的任何科学文献。我们所做的只是帮你收集材料，得出不含感情色彩、只是基于证据的结论，与你分享真正的成功秘诀，这就是我们对你的奉献。

有一点必须说清楚：金无足赤，人无完人。我们需要不断与自私做斗争。自私是人之常情。但现在我们看到了服务他人的力量，我们每天都在尽力遵循科学，并按照书中论证的方法为他人服务。

*   *   *

马兹又来了。

库珀医院档案里的一个故事能印证我们的观点。一个中年男性患者因突发脑出血，生命仅剩几个小时。他女儿的婚礼几周后举行。女儿知道，父亲的临终愿望就是参加她的婚礼。因此，我们的护士当时就实现了这个愿望，随即在医院里举办了一场临时婚礼。他们很有创意，用输液管做戒指，又到休息室从冰箱最里面拿出一个放了很久的磅蛋糕❶完成了切蛋糕仪式。鲜花则来自另一楼层的爱心人士。幸运的是，其中的一位护士是一位受职的牧师，于是他站出来主持了婚礼。

在场的每个人都说，他们既为这个家庭感到心碎，又感到心

---

❶ 因使用一磅糖、一磅面粉、一磅鸡蛋、一磅黄油制成而得名，又称重奶油蛋糕，法国人习惯称之为四分之一蛋糕。

满意足。任何一个贡献自己的时间和精力来完成这一仪式的护士和医生本来都可以说："我的工作已经结束了。我太累了。不关我的事。"但整个团队还是团结起来，每个人都尽了力，为一个行将就木的人和他的孩子做了这样一件伟大的事情。每个人都在关注这个女儿、她的未婚夫以及患者，而不是自己。对他们来说这是额外的工作，但他们都有所收获并乐在其中。他们一辈子也不会忘记在重症监护室的那一天，每当讲述这个故事时，他们都有同样的感受，并从中受益。这不是个例。另一场即兴婚礼发生在一位新冠病毒感染患者身上。

作为领导者，我们正在努力让库珀大学医疗保健中心成为一个以他人为中心蓬勃发展的组织。如果人们因此更快乐，觉得自己有所作为，他们就会精力更旺盛，工作效率也会随之提高。

我发现服务他人让我受益匪浅，所以我会定期在急诊科待上一段时间。作为首席执行官，我并不需要坐诊或照看患者。但我发现，去急诊室与患者交流，能让我时刻践行"奉献主义"。砰，我又回到了同情模式，并且带着新的使命感。我意识到，即使是像记录病史这样的小事也具有不可估量的意义。

受疫情影响，医院迎来了一波又一波的新冠病毒感染患者，我们累得快要虚脱了。在我们超长的工作时间中，我和工作人员在医院各处巡视，希望我的同情心和能量可以很好地感染他人。关心他人、缓解他们的焦虑、倾听以及同他们交流，这是我给自己力量、延长工作时间的幸福处方。我用同情的科学顺利度过了我们一生中最大的医疗危机。

* * *

斯蒂芬又来了。

在我的生命中，我每天都在努力更好地服务他人，不仅在医院，在任何地方，对任何人都是如此。我也不是每次都做得恰到好处。但每当我想到时，我都会告诉我的孩子们："你越只考虑自己的想法，你就越糟糕。"我不是在说教，我说的是科学事实。

经过大量的数据综合分析后，你只能得出一条结论。所以如果你想循证地生活，你就必须关注其他人，而不仅仅是自己。如果你不想改变，那么当你身处困境中会感觉到精疲力竭，也就见怪不怪了。利他主义是一种治愈生命的有效疗法。在医学上，坚持治疗才是一切。顺便说一下，同情心会让患者更配合，更有可能积极服药！这是另一种治愈方法。

你可能想知道我们写这本书、展示这些数据和治疗方案想要达到怎样的目标。我们不是作家；我们既是策划人又是老师。那么，我们到底要教什么呢？

还是要问一些宏大的问题：

健康、快乐和满足感的关键是什么？

那就是服务他人。重复一下，我们有证据证明这一点。

生活中最永恒和急迫的问题是："你能为别人做些什么？"

——马丁·路德·金

　　一旦你看到汇集到下面几页的所有数据，马丁·路德·金提出的这个宏大问题对你而言会愈加永恒和急迫。我们希望这个宏大问题能激励你以科学的方式每天做一些服务他人的小事，最终你的生活因此而改变。

　　我们更大的愿望是通过科学提高全球的同情和关怀意识。如果我们以人口基础来衡量效果，为他人服务则可以改变整个世界。对个人和大众来说，一种良药就是问自己"我怎么做才能帮助到别人"并投入时间和精力去做。如果越来越多的人成为奉献主义者，我们今天看到的许多社会问题就都会迎刃而解。

　　所以你可以拥有和我们相同的目标，成为这种愿景的一部分，或者你可以只把我们的治疗建议作为自己最好的药物。如果两样你都不想尝试，那也没关系，哪怕只是试着不做个混蛋，对你和你周围的人来说都是一件好事。这会帮我们消除隔阂，从深渊中解救出来，让我们呼吸到新鲜空气。

　　那该多么轻松和愉悦啊！

目 录 ☺

没有数据支撑，你只是另一个有意见的路人而已。

——威廉·爱德华兹·戴明（William Edwards Deming）

幸福处方

让人生变好的7个科学方法

第一部分
诊断：利己主义盛行

我们应该记住：除了某个微不足道的例外，整个宇宙都是由他人组成的。

——约翰·安德鲁·霍尔姆斯
（John Andrew Holmes）

Happiness

第一章
自我文化

在近代史上，美国的文化导向曾有几段时期要求我们牺牲小我，为他人服务。20 世纪 40 年代的第二次世界大战期间，美国"最伟大的一代"❶为结束暴政而前赴后继。到了 20 世纪 60 年代，民权斗士们不顾个人生死寻求社会正义。嬉皮士和反越战游行者也掀起了一场以爱、和平和理解为主题的思想革命。

但随着"爱之夏"❷运动接近尾声和"婴儿潮"❸的到来，我们的集体意识发生了 180 度大转弯。作家和文化评论家汤姆·沃尔夫（Tom Wolfe）于 1976 年在《纽约》（*New York*）杂志上发文，将 20 世纪 70 年代定义为"自我的十年"，自此美国开启了"自

---

❶ 指美国 1901—1927 年出生的一代人，他们深受经济大萧条的影响，是参加第二次世界大战的主力军，故又称"'二战'一代"。

❷ 暗指美国 20 世纪 60 年代西海岸嬉皮士文化现象，其主要特征是拒绝消费主义价值观、怀疑政府、反对越战以及倡导自由恋爱等。

❸ 指美国第二次世界大战后的"4664"现象：从 1946 年至 1964 年，这 18 年间新生儿人口高达 7600 万人，其间出生的人被称为"婴儿潮一代"。

我的半个世纪"。我们的人生理想也开始发生转变,从为了追求健康和幸福而相互依赖变为自力更生的个人主义,坚持个人成就才是最终的成功。

"自我的十年"与 20 世纪 80 年代的"贪婪的十年"相契合,其非官方代表就是电影《华尔街》(Wall Street)中的金融家戈登·盖柯(Gordon Gekko),正是他喊出了那句臭名昭著的口号:人性本贪。20 世纪 80 年代滋生的个人敛财之风,到了 20 世纪 90 年代更是变本加厉,也就是美国"自尊的十年"。那个年代,每个人都是自己的英雄,自己的感受和需求排在第一位。同时一些关于人们病态的自我关注和极端焦虑现状的书开始涌现,其中最著名的是由历史学家和社会评论家克里斯托弗·拉什(Christopher Lasch)所著的畅销书《自恋主义文化》(*The Culture of Narcissism*)。

到了世纪之交,随着互联网和社交媒体的广泛应用,我们开始创建"油管"(YouTube)账号,频繁地发布自己的午餐照,以及自拍照。宣扬自己的观点在美国成为一种热潮。2006 年,《时代》周刊(Time)将"你(you)"选为年度人物,相应地,那一期杂志的封面也确实反映了这一点。然而所有这些自拍照并没有改善人际关系。相反,人类行为专家和《为什么我们经常误解人心》(*Mindwise: Why We Misunderstand What Others Think, Believe, Feel, and Want*)的作者尼可拉斯·艾普利(Nicholas Epley)认为:"造成人与人之间误解的最具代表性的东西就是自拍杆。"

随着"活出最靓人生""追随激情"等潮流的兴起,"自我文化"再次演变为一种整体的、正念的信仰。"自我关爱"已提升为治疗一切烦恼的灵丹妙药。一些网络红人也认为，只有不断提升自我，人们才能获得幸福。

一代人有一代人"做自己"的方式。半个世纪以来，我们一直沉浸在各种形式的自我文化中，自我中心主义也在不断水涨船高。如果再有科学数据能表明自我中心主义对健康有任何一点好处，这种热度就会更膨胀。

然而，这世界并不只与你有关。从来都不是，这才是事实。过分关注自己，只会害了自己。自私自利的文化诱导我们只关心自己和"自己的事"，而置他人于不顾。但这种态度会让我们感到孤独和空虚，从而引发焦虑，本书中也给出了大量实证。研究发现，人们越是只关注自己，表现就越差。在几乎所有可以衡量的指标上，如身体和心理健康状况、情感幸福指数和职业成就，皆是如此。

正念疗法的潜在危险

我们不是在抨击自我关爱和正念疗法。对仁慈和同情心的冥想对人的健康十分有益。但如果自我关爱只是为了获得更多的"自我时间"，那这种方法就会存在隐患。当然，在自己身上花时间也是极重要的。在激烈的竞争中慢下来，对你肯定是有好处的。我们都需要平衡工作和生活，这点是肯定的。但问题是，我们能在这喘息之机里做些什么？

人们已经接受了身心锻炼可以减缓压力的自我关爱方法。我们和其他人一样喜欢在公园里散步和做几下犬式瑜伽动作。但许多自我关爱的方式却逐渐走向孤立化。正如我们在美国经常做的瑜伽和冥想，其实这是一种孤独的爱好。不是说团队运动比瑜伽更好。团队运动的方式是一起合作，分享目标和经验。在瑜伽课上，瑜伽垫就是你的孤岛。冥想软件亦是如此。一切都是围绕你和自己内心的 8 分钟旅程，陪伴你的只有 Headspace❶ 里播放的轻松缥缈的英国腔，耳机或耳塞帮你隔绝了外界声音。

在得到幸福和成功方面，纯粹自我集中式的自我关爱并不如专注于他人有效。与人交往、服务和关心他人——多看向他人而不是自己——已经证明了对缓解压力大有裨益。**科学证明适应力的关键是人际关系**。在过去的几十年里，我们发现我们与家庭、朋友和彼此之间的关系得到了提升，但现在，我们只和自己的手机更亲密。

在某种程度上，这种对孤独的追求很可能是由科技发展造成的。现在我们把更多时间花在看屏幕上，更喜欢独处，与现实背离，我们以前不是这样的。这种趋势可能会伤害到自己和孩子们。1991 年至 2016 年，圣地亚哥州立大学联合佐治亚大学对美国 110 万名青少年进行研究，发现 2012 年社交网络大规模普及后，孩子们的心理健康状况开始急剧下降。那些花在社交媒体、短信和游戏上的时间更多，而花在体育、面对面交流、家庭作业

❶ 是一款冥想软件。——编者注

等其他事情上的时间变少的青少年幸福感最低；最快乐的孩子反而是在屏幕前花时间最少的人。

幸福：舒适、健康或快乐的状态

我们也生活在互联网时代，认识到了连通性所带来的好处。但是，掌握如此多的信息也有不利的一面。当我们痴迷于这些设备时，我们并没有建立起真正能给人们带来幸福感的人际关系。我们的孩子们目不转睛地盯着屏幕，他们正在学习的是如何成为游戏玩家，而不是学会如何与他人建立联系。

更不用说，我们的孩子因玩游戏和发短信而变得愈加压抑，成年人当然更不能幸免于此。我们同在一个房间，各自玩着手机，像身处不同的星球上一样。孤立和孤独正在摧毁人类的精神世界。尽管我们执着于自我关爱，致力于健康，但我们做得并不好。以下是一些报告中的数据：

- 在 45 岁以上的美国人中，35% 的人处于长期孤独之中。
- 只有 8% 的美国人表示会和邻居进行有意义的交谈。
- 只有 32% 的美国人表示他们信任邻居，而千禧一代 ❶ 中只有 18%。

---

❶ 是指出生于 20 世纪且 20 世纪时未成年，在跨入 21 世纪（即 2000 年）以后达到成年年龄的一代人。——编者注

- 抑郁症发病率正在上升。

- 自 1999 年以来，美国人的自杀率上升了 30%。每年约有 45 万美国人死于自杀。

- 在过去的几年里，美国青少年的自杀率上升了 70%。

- 美国人的预期寿命并未上升，反而在下降。

哈佛成人发展研究中心，从 1938 年开始追踪哈佛大学的 724 名学生的健康状况，并定期对他们进行检查，这可能是迄今为止持续时间最长的科学研究〔持续了 70 多年，而且还在继续，又名格兰特研究，因为亚当·格兰特（Adam Grant）是这项研究的赞助人〕。（注：所有最初的研究对象都是男性，因为当时哈佛大学的学生还全是男性。）

为了找出健康和幸福的关键因素，研究人员追踪了他们的生活轨迹。虽然最初参与这项研究的人中只有少数人还在世，但多年来的研究结果清楚地显示了人际关系在健康、生命力和寿命方面的重要性。

医学博士罗伯特·瓦尔丁格（Robert Waldinger），现任研究专题负责人，也是第四位拥有这一头衔的人。他是麻省总医院的精神病学家和哈佛医学院的教授，在演讲中总结了这一发现："良好的人际关系让我们更快乐、更健康……孤独是致命的。当我们收集了关于研究对象 50 岁时的所有信息时发现，决定他们变老后身体状况的不是他们中年时的胆固醇水平，而是他们对人际关系的满意度。那些在 50 岁时对自己人际关系最满意的人，在 80 岁时也最健康。"

　　有意义的人际关系不仅是健康长寿的关键，也是格兰特研究的对象获得幸福的关键。经过几十年的周密调查，在职40年的研究主任乔治·瓦利安特（George Valliant）说："（哈佛）格兰特研究团队用了70多年时间、花了2000万美元……得出的结论却只有简单的五个字：'幸福就是爱。'"我们认为这可能是学术界有史以来最经典的一句话。

　　有意义的人际关系是起保护作用的。人际关系如何影响我们的健康？简而言之，身处孤独和一直身处极端压力下身体产生的反应相似。例如，孤独会提高血液中压力激素皮质醇的水平，久而久之会引发慢性系统性炎症，这是导致心血管疾病和癌症的原因之一。令人不禁想起弗兰肯斯坦（Frankenstein）❶创造的怪物说的那句诗意的台词："孤独，不好；朋友，好！"

亲社会行为：一种帮助或造福一个人或一群人的自愿行为。可以把亲社会行为理解为善举，如帮助、分享、捐赠、合作、志愿服务等行为。

反社会行为：有意识伤害他人或不顾他人幸福的行为。简而言之，反社会行为包括侵略行为、敌意行为、破坏行为和犯罪行为。

---

❶ 是科幻小说《弗兰肯斯坦》里的疯狂的科学家。——编者注

追求孤独，即使出发点是好的，也不一定能加强人际关系。追求关系，比如志愿服务、参与、给予、帮助，都是亲社会的。亲社会的行为、态度和活动都可以减轻自身压力，增进健康和提高幸福感，远比一个人钻研自我要有效得多。

利己主义始于高层

为了研究美国的文化中存在的自我中心主义，密歇根大学的研究人员分析了从 1790 年到 2012 年的 226 份美国总统发表的国情咨文。他们在搜索了这些国情咨文中强调利己主义的代词（例如"我""我的"等），强调自我利益的代词，以及提到家庭成员的内容。在研究人员看来，"我们"也是利己主义关键词之一，因为以共同的成功作为例证也属于自吹自擂。"你""他""她""朋友"和"邻居"，这些词既不直接涉及自我，也不涉及夸耀某位总统的个人或家庭成就，属于利他主义关键词。

1790 年到 1946 年，美国总统年度演讲的措辞和语气具有明显利他主义倾向。20 世纪 50 年代，开始向利己主义倾向转变。20 世纪 70 年代利己主义膨胀。你可能会认为，吉米·卡特（Jimmy Carter）退休后无私地为仁人家园（Habitat for Humanity）❶和其他慈善组织工作，会发表关于利他主义的演讲，但他在演讲

---

❶ 仁人家园是一个国际慈善房屋组织，于 1976 年创立，以"世上人人得以安居"为理念。——译者注

中大量使用利己主义字眼。罗纳德·里根（Ronald Reagan）在国情咨文中也大量使用利己主义的字眼。自 20 世纪 70 年代以来，使用利己主义字眼最少的总统是谁？答案是小布什（George W. Bush）。并不是因为他的演讲都是利他主义字眼的，而是因为他在演讲中大量使用中性字眼。

研究人员以美国总统发表的国情咨文为例，证明政界明显转向利己主义，但他们也注意到，研究书籍和流行歌曲中有关利己主义的字眼，也能得出同样的结论。但总统示范，则上行下效。总统使用"我""我们"这种字眼，会影响其余的人。在经济学中，我们称之为涓滴效应。

在个人家庭中，父母示范，子女效仿。最近，哈佛大学教育研究生院研究了来自 33 所不同学校的一万名初高中生，研究人员要求学生们为他们认为最重要的东西排序：功成名就，个人幸福，关心他人。约 80% 的学生将功名成就或个人幸福排在首位，约 20% 的学生选择关心他人。大多数学生认为他们的同龄人也都感同身受。就他们的价值观而言，大多数学生将"努力学习"放在首位，而将"公平"和"善良"则远远排在后面。

巨大的脱节——研究人员称之为"差距"——出现在父母以为他们为孩子传导的价值观和孩子们实际接受的价值观之间。父母声称他们将道德和伦理置于成就之上，试图培养有爱心的孩子，但这并不是孩子们真正接收到的信息。研究人员最惊人的发现是：**80% 的孩子认为自己的父母对成就和荣誉的重视度高于对他人的关怀。**你在饭桌上几乎都可以听到这样的对话，父母总是在问："考得好不好？……比赛有没有赢？……拿到校园剧中的角色了吗？"但从未问过："你今天做个好孩子了吗？"绝大多数青少年并不认为他们的父母关爱他人，因为他们从未看到父母这样做过。三分之二的学生认为，老师也是把学习成绩放在首位。只有 15% 的人认为他们的老师重视"培养学生的爱心"。

那些不重视关心他人的青少年——为什么他们会这样做呢？——可能因为他们从老师或父母那里没有得到相关的指导——他们同理心较少，不太可能去做志愿者、帮助陌生人或辅导朋友。他们被困在利己主义之中无法脱身，这阻碍了他们的情感成长，接触不到"奉献主义"的态度及行为，而正是这些行为和态度可以让他们过上幸福、健康和成功的生活。

萨拉·康拉特博士（Sara Konrath）是著名社会科学研究员；在印第安纳大学（Indiana University）专门研究慈善事业，对 1988 年至 2011 年 2.5 万名大学生的成人依恋类型进行了荟萃分析（查看了她所能收集到的有关该主题的研究的所有数据）。不需要在这个主题上过于深入，成人依恋类型显示你现在如何与他人相处，但它通常是基于父母在你小时候是如何对待你的。最健康的依恋类型是"安全型"，即在人际关系中保持信任、开放和爱。不那么健康和不安全的类型是"疏离型"（即常说"我不在乎"的人际关系），"痴迷型"（表现为苛刻、依赖和黏人）和"恐惧型"（表现为太害怕受伤而不敢参与人际关系）。康拉特发现，**安全型关系从 1988 年的 49% 下降到 2011 年的 42%**。不安全的人际关系正在增加，其中以对人际关系漠不关心的疏离型关系最为明显。

在另一项荟萃分析中，康拉特综合了约 1.3 万名美国大学生的数据，发现他们的共情倾向——理解他人的感受，或者简单地说，能够设身处地为他人着想的能力从 1979 年到 2009 年"急剧下降"，而且随着时间的推移，下降的速度越来越快。

因为同理心通常是给予行为的先决条件，这项研究直接说明了美国年轻人的同情心状况。皮尤研究中心（Pew Research）于 2016 年进行的一项调查发现，三分之一的美国人甚至不认为同情他人是他们的核心价值观之一。

美国人在经历了 50 年的自我文化之后，可能正在失去关爱的能力。

物归原主还是据为己有

利他主义的一个独特的衡量标准是"计划外帮助行为"，这是一种自发的、通常是匿名的、对自己没有显著好处的随机善意或同情行为。典型的例子如帮助别人把婴儿车抬上地铁或楼梯、归还他人丢失的钱包等。

在2001年和2011年，研究人员分别在美国的37个城市和加拿大的26个城市中心各"丢失了"60封信，信封上贴有邮票和清晰的地址。这些信分别被放在人行道、商店和电话亭（2011年这些地方少了一些），以及天气好时人流量较大的都市繁华地段等这些显眼的地方。2001年，总共丢失了3721封信；2011年，丢失了3745封信。每个信封上都标注了代码以表明丢失的地点。密歇根州立大学的基思·M.汉普顿（Keith M. Hampton）是研究报告的作者，在信件"丢失"后，就坐在那里，等待信件被送回到美国艾奥瓦州得梅因或加拿大曼尼托巴省布兰登等这些差不多位于中间的地方。

2001 年的信件总回收率为 56.5%。其中美国地区为 58.7%，略高于加拿大的 53.6%。

2011 年，情况有所改变。信件整体回收率下降至 50.3%。美国下降了 9.2%。加拿大基本没变。近十年来，在不知情的情况下，美国研究参与者的帮助程度降低了近 10%。我们每年都会损失一个百分点的帮助人数。

关于 2001 年我们更乐于助人的原因众说纷纭：作者引用了一项研究，研究表明"9·11"恐怖袭击事件增加了美国人的公民参与度和亲社会行为（至少在一段时间内）。美国综合社会调查显示，我们对他人的信任度在 2012 年降到了低点。经济大衰退后，贫困率和收入不平等居高不下，公众之间的不信任导致了计划外帮助行为的减少。但是，加拿大同样受到了经济衰退的影响，信件回收率却没有明显下降。除了经济大衰退及带来的影响，像邮箱数量减少这样的原因并不能解释得通。这些地方的人流量没有下降，人口数量也没有发生太大变化。种种迹象表明，我们已经不再愿意牺牲哪怕一点时间来帮助陌生人。

走自己的路

如何将一代人所关心的与另一代人所关心的进行比较呢？

圣地亚哥州立大学的研究人员比较了婴儿潮一代、失落的一代❶和千禧一代的价值观和各自看重的事，得出了一些启示。现在的年轻人比年轻时的婴儿潮一代更看重金钱、形象和名声等外在目标。此外，失落的一代和千禧一代的"关心他人"（包括有责任心、有同情心和追求一份对社会有帮助的工作）和"公民取向"（参与社会正义、政治和环境问题）也低于婴儿潮一代的水平。尽管千禧一代认为婴儿潮一代是自私的，但数据表明，事实有可能是相反的。

为什么现在的年轻人更专注自我？也许是因为我们对他们的教导！是我们在宣扬自我。在过去的15年里，你是否参加过大学毕业典礼？演讲者一定会提供建议，而底线通常是某种形式的"追求你的幸福"。鼓励年轻人珍惜自我价值，倾听自己内心真正的声音，追逐内心的欲望，这些建议乍一听还挺有道理。但如果剥开这些华丽辞藻的外壳你会发现，这只是"做自己"和"自我放纵"的另一种说法。

纽约大学斯特恩商学院（Stern School of Business）的营销学教授斯科特·加洛韦（Scott Galloway）曾公开指责了多位客座讲

---

❶ 又称 X 世代，指 1965 年至 1980 年出生的人。——译者注

师建议学生"跟着激情走"这件事。他说:"一派胡言!影响激情的东西,如奢侈品、食品、娱乐用品和体育用品等,都被过度投资。能靠激情谋生的人不到百分之一。"

一个想当厨师的人喜欢做烤奶酪三明治,靠着在流动餐车上做三明治赚得盆满钵满,我们经常能听到类似半真半假的故事,或者某个喜剧演员在"油管"网上做滑稽短剧成名,剧集成功登录视频网站"葫芦"(Hulu)❶。"有很多人跟着激情走,变得非常成功,他们的成功被广为宣传,"加洛韦继续说。加洛韦给学生的建议是:你要找到自己真正擅长且对别人有价值的事,然后坚持做一万个小时,用勇气和毅力做到最好。加洛韦教导学生说,能给你带来满足感的故事讲述的是服务他人和建立深厚而有意义的关系。

斯蒂芬最近通过分析《美国新闻与世界报道》(*U.S. News & World Report*)排名最高的学院和大学毕业演讲中的措辞,培养了他正在读高中的女儿一些研究技能。她一丝不苟,逐字逐句地阅读,删去了演讲者对刚毕业的大学生提出的非直接建议。建议是"做自己"还是"帮助别人"?

猜猜看。

在所有给应届毕业生的指导中,只有不到 25% 是关于服务他

---

❶ 由美国全国广播公司于 2007 年建立的视频网站,其名字起源于中文词语"葫芦"(被视作有魔力的、能够储藏珍贵物品的容器)和"互录"(互相录制)。——译者注

人的。很多建议都类似于："你是最棒的。只要找到你的激情，努力工作，你就能征服世界！"

如果有人在常春藤联盟❶向毕业生发表演讲，说："你不需要压制竞争者就能出人头地。事实上，太过用力反而会伤害你，阻碍你的成功。如果你放弃利己的目的转而开始帮助别人，你会更快乐，甚至可能更成功。"这不是很好吗？但真实情况是那个演讲者可能会被轰下台！雄心勃勃的年轻人可能并不常接收到通过服务他人而获得"成功"的信息。

然而，告诉年轻人去追求"幸福"这件事，可能会导致很多压力和焦虑。不是每个人都知道自己的激情所在，尤其是在他们年轻的时候。这样做只会让他们觉得自己应该清楚自己的激情是什么，如果他们不知道，就会陷入深深的怀疑和恐惧中。

找不到有意义的使命，就不会产生真正的满足。

康拉特博士在一篇名为《给予的快乐》(*The Joy of Giving*)的研究论文中写道："久而久之，人们会看到给予在减轻他人痛苦和带给他人幸福方面的作用……给予让人生活得更有意义并且能提高人的使命感。研究发现，生活中有明确使命感的人更健康，也更快乐。"

知道"我为什么存在"会带给你方向，反之则将会造成困

---

❶ 常春藤联盟最初指的是美国东北部地区的八所高校组成的体育赛事联盟，后指由这七所大学和一所学院组成并沿用"常春藤"这一名称的高校联盟。——译者注

惑、焦虑和迷茫。自我文化可能会让你认为，如果我能在"照片墙"（Instagram）[1] 上获得 10 万粉丝，我就心满意足了。积累粉丝可能是一个目标。有成千上万的人为你的摄影作品点赞，你的大脑就会分泌大量多巴胺。但提升自我并不是目标。它并没有回答"我为什么存在"这个问题。

当你为别人做好事并且做得很好时，你就有了目标。有了目标，激情和成功就会接踵而至。

作家兼《纽约时报》（New York Times）专栏评论家大卫·布鲁克斯（David Brooks）对这个话题的探讨已经有一段时间了。2014 年，他在演讲中谈到了我们在追求简历美德（成就、荣誉）或悼词美德（人们在你的葬礼上如何谈论你）时都要面临的内在冲突。事实上，奉献主义的态度和行为都是美德的加分项，能让你更受朋友们和陌生人的珍视和爱戴，给同事和老板留下深刻印象。

证据表明：快乐了才会成功，而不是成功了才快乐。

如果我们要在毕业典礼上发表演讲，首先我们会分发印有"激情不是目的"的 T 恤。接着，我们会告诉毕业生拒绝诸如"追求你的幸福"此类自我文化的观点。正如加洛韦教授所言，秉承利己主义，以破坏为目标开展生活，是下下策。这种可怕的馊主意会让你走上歧途。不可否认，沉迷于个人利益和自我，相信随

---

❶　Instagram 是一款运行在移动端上的社交应用程序，可以随时将抓拍的图片分享给别人。——译者注。

机的"激情"会让你发财，极具诱惑性。但这些虚假的承诺会分散你的注意力，让你无法找到对他人有益、对自己也大有裨益的目标。

正如你将在书中看到的，证据表明，健康、快乐和成功并不来自"追随你的幸福"，而是来自"奉献主义"。在为大局服务的过程中，你会感受到满满的激情。

 如果你的梦想里只容得下你自己，那你的梦想也太不值得一提了。

——艾娃·德约列（Ava Du Vernay）

我们有进步

超个人主义是自我文化最不好的一面，认为生活的目标是自我幸福、自我满足和崇高的自我实现（做最好的自己）。你独自行走，必须靠自己到达你要去的地方。超个人主义出现在任何宣扬自我文化品牌的书中，我们必须优先考虑自我的体验，并不断地问："这能给我快乐吗？"

2019 年，大卫·布鲁克斯在演讲中曾说：

我曾跌入文化谎言的陷阱。第一个谎言是事业上的成功能带给人满足感。我在事业上已经取得了很大的成功……这并没有起到任何积极效果。第二个谎言是我可以让自己快乐，就像如果我再赢得一场胜利，体重再减掉 15 磅❶，或多做一点瑜伽，我就会快乐。这就是自我满足的谎言。但就像任何一个人的临终遗言所说的那样，让人快乐的事情是生活里深层次的关系，是自我满足的舍弃。第三个谎言是精英制度的谎言。精英领导体制是你因自己的成就而存在。精英主义的情感是有条件的爱，一种你可以"挣"到的爱。

当我们为了实现自我幸福和填满内心空虚去追寻求个人目标时，我们就会对他人的需求和愿望视而不见，对自己"更深层次的渴望"（大卫·布鲁克斯所说的一种与他人的联系感）感到麻木。世界各地都传播着服务和同情的信条，这给人们一种比自身更大的归属感，这种归属感滋养着他们的心灵。

然而，我们因为一个谎言被卷入超个人主义的漩涡，这个谎言是如果你获得了社会地位和所谓的成功，你就会得到爱，就会感到快乐。但通过社会这面镜子，反映的却是你的自我价值取决于他人。不知为何，我们认为幸福是我们个人的责任，社会的接受和认可让我们感觉良好。幸福是不是我们可以掌控的？超个人主义的矛盾造成了我们情感上的缺失。我们对满足感的来源感到困惑，无论我们做什么来赢得有条件的爱，都好像远远不够。无论我们社会地位有多高，如果只关注个人的幸福，我们仍会感到孤独、空虚和缺乏安全感。

---

❶ 1 磅 ≈ 454 克。——编者注

大卫·布鲁克斯在他的回忆录《第二座山：为生命找到意义》（*The Second Mountain: The Quest for a Moral Life*）中写道："大多数人终会意识到，以自我为中心的生活总是无法圆满。不管怎样，人们会了解到自己的全部深度和生活的全部广度。他们意识到只有情感、道德和精神食粮才能滋养他们。"

给予和帮助是一种精神食粮。

你到了一定的年龄后，你可以看看一些和你一起长大或以前认识的人，看看他们的生活是如何被超个人主义破坏的。他们的眼里只有自己，人际关系一塌糊涂，工作力不从心，过得孤独又痛苦。

想想你认识的最快乐的人，他们总是心情愉快，面带微笑，总是以他人为中心，以大局为重。他们身上散发着一种你无法完全理解的光芒，但你想要了解他们的秘密。

我们中的许多人都认为，只要拥有更多时间和金钱，就会更快乐。事实上，大量研究发现，付出时间和金钱反而更能获得快乐。康拉特在《给予的快乐》中写道："通过反复的给予互动行为，人们开始认识志同道合的人，感受彼此之间的联系更紧密了，孤独感减少了，也更能感受到身边人。对人们自身而言，**社会关系预示着更健康、更长寿的生活。**"

想想看，你看过的许多"振奋人心"的电影都有几乎相同的基本情节。电影以一个迷失和孤独的主角开头。但一旦主角与一群同样迷失和孤独的人相遇，他们就会团结起来，最终找到方向和归属感。最后，他们都在学习和成长，快乐地生活在一起。观众们则脸上挂着"还不错"的微笑离开影院。

引用大卫·布鲁克斯的一句话:"现在我认为,我们当前文化中泛滥的超个人主义是一场灾难。整个文化范式必须从超个人主义的思维模式转变为关系型思维模式。"当前的历史时刻,自私和自我关注已成为常态,把我们分离和疏远。我们四面楚歌。

幸运的是,我们可以摆脱这种局面。我们的文化可能还深陷第一人称视角。相信第一视角是我们从小被灌输的观念。但我们可以通过回归人的本质将自我文化剥离。我们并不是生来就应该独自生活和奋斗的,我们应该互相依靠。

一个人走得快。

一群人走得远。

——**非洲谚语**

第二章
善者生存?

自我文化激发我们的自信感。我们对自立有着浪漫的眷恋。毕竟,"独立"一词是美国的第一个宣言。牛仔集中体现了美国人粗犷的性格特征,他们是马背上的独行侠,话不多,但为了生存必须拼尽全力。

难怪,当"自我文化"在 20 世纪 70 年代大行其道时,克林特·伊斯特伍德(Clint Eastwood)成为电影明星的典范。他是坚定的个人主义的化身。自 1973 年他执导的《荒野浪子》(*High Plains Drifter*)开始,他执导的每一部西部片中都会出现一个神秘的流浪者,流浪者所到之处也都是满目疮痍的。伊斯特伍德眯着眼睛,说着一针见血的俏皮话,一举一动都在告诉影迷们要成为勇敢和坚毅的人:不要表现得善解人意,不要有羁绊,只要瞄准射击。

1859 年,达尔文在他的惊世之作《物种起源》中写道:"具有这种美德的人凤毛麟角……可以通过自然选择而增加。"然而,许多极端的个人主义者似乎相信,为自己着想才是生存的关键。

顺便说一下，"适者生存"这句话并非出自达尔文，而是出自他同时代的英国哲学家赫伯特·斯宾塞（Herbert Spencer）。斯宾塞相信历史一直是由强者撰写的。达尔文本人不认为力量或"适应度"能保证生存。他相信，同理心、同情心和利他主义的价值观确保人们获得社会学意义上的成功。他曾写道："富有同情心的社会成员越多，社会就会发展得越好，就会孕育出更多的后代。"相互扶持的社会定将蒸蒸日上；一个充满恐惧、互相谩骂的社会必将消亡。达尔文说过，一个奉行"奉献主义"、甘愿为彼此牺牲的部落定将战胜大多数部落；这就是自然选择。

在《富有同情心的成功者》（The Compassionate Achiever）一书中，克里斯托弗·库克（Christopher Kukk）博士研究了达尔文关于同情心在进化中必要性这一结论。他写道："（达尔文）称，当一个人看到另一个人痛苦时，同情为'亘古不变的本能'，（他）相信同情是我们共有的自然本能。把达尔文的思想片面归纳为'适者生存'，并贴在汽车保险杠上进行宣扬，这种做法不仅仅是误导这么简单，而且完全无视了达尔文关于人类的成功离不开其同情心的观点。"

"善者生存"更能体现达尔文的核心观念。库克写道："'善者生存''富有同情心'的团体更容易成功。"

我们人类从一个个小部落开始，一步步走向大型文明社会。在问及古代文化中的第一个标志时，人类学家玛格丽特·米德（Margaret Mead）并没有指出是工具的发明。特别是在考古挖掘中发现的一块 1.5 万年前的人的大腿骨，显示出它已经断裂后愈合的迹象，这是医疗干预的证据——可以推测，他的部落里有人把他带到安全的地方，照顾他，直到痊愈，而不是把他留在摔倒的地方任凭他被食肉动物吃掉。米德说："帮助他人渡过难关是人类文明的起点。"

美国生物学家爱德华·O. 威尔逊（Edward O. Wilson）所称的"旧石器时代的诅咒"指的是睾酮分泌量多的男性的碾压、杀戮、破坏的冲动，这种冲动危害社会，阻止人类建立能够生存和繁荣的联系。但如果人类像《警探哈里》（*Dirty Harry*）和《苍白骑士》（*Pale Rider*）里的人物那样行事，社会将会崩塌，我们将生活在末日里，人类和其他动物都各自为生。如果我们一直生活在相互竞争的状态下，我们仍会用利棍保护我们各自的洞穴。但同为人类，通过相互合作、彼此分享、互相照应，我们实现了进步和繁衍。正如威尔逊在《人类存在的意义》（*The Meaning of Human Existence*）一书中所写的那样："在群体内部，自私的个体会打败利他的个体，但利他的群体必会战胜自私的个体。"

以个人成功为目标让人关注自己。以团队成就为目标让人关注他人。然而，我们的文化延续了这样一个荒诞的说法：做一个无情的独行者会让你变得强大，而关心他人会让你变得懦弱、脆弱。谁都不在乎，你就会百毒不侵。

但是达尔文早在伊斯特伍德和自我文化之前就这样说过。从生物学的角度看，我们生来就是要互相帮助的，无论是作为一个物种还是作为一个个体，我们都能从服务他人中受益。认为进化是像角斗士一样的竞争性适者生存行为，这样的观点实际上是错误的。**帮助才是进化。**"帮助"在自然界中随处可见，存在于动物王国里，存在于成群狩猎或者对附近的掠食者发出警报的种群中。看看蜜蜂！看看蘑菇！一个巨大的真菌丝网遍布树木和植物的根部，帮助它们汲取营养物质，交流危险的环境信号。互相帮助也是我们人类的本性。事实上，通过服务他人获得幸福，是互帮互助获得进化优势的标志。

顺应互助的本能促成合作，抑制这种本能将造成混乱。正如达尔文所说，我们违背了人类"亘古不变的同情本能"，接受了利己主义文化，正在走向焦虑、沮丧和病态。人类生来就是互相关心和彼此友好的；我们的成功进化也归因于此。在这个历史时刻，肆虐的病毒正在孤立弱化我们，推崇利己主义毫无意义。

我们掉进了相信"我"能让自己快乐的陷阱中，正在否定与生俱来的"我们意识"。但是，如果我们遵循"善者生存"的信条，那么我们不仅能得以生存，还能繁荣兴旺。

我告诉我的两个女儿……善良的人才是真正的强者。善良和同情并不意味着软弱。为他人着想并不是软弱。

——**奥巴马**

生而向善

在父母试图给孩子培养的生活技能里，"分享很有趣"高居榜首。孩子们似乎并不总是生而向善的。当我们说"轮流！"时，我们可以想到一些发生在我们自己家里的事情。这句话很可能出自中世纪的法国人，因为它有很多好处。孩子们非常清楚自己的需求和渴望，人们可能会认为他们是自私的。但事实并非如此。证据表明，仅两岁大的孩子从给予中获得的快乐就比从索取中获得的多。

加拿大社会心理学家伊丽莎白·邓恩（Elizabeth Dunn）博士带领的不列颠哥伦比亚大学的一组研究人员设计了一个说明性研究。在研究中，该组研究人员将 12 名健康的不满两岁的儿童带入实验室，给孩子们介绍了一些可爱的毛绒动物玩偶。研究人员告诉他们这些玩偶喜欢被喂食，然后喂它们吃小熊饼干或者金鱼饼干（"相当于幼儿的黄金。"邓恩说）。当木偶吃金鱼饼干时，研究人员负责发出吃东西的声音。

因为孩子和玩偶都爱吃金鱼饼干，孩子对玩偶表现得足够亲密时，研究人随即将空碗放在两者面前，接着往孩子们的碗里放了八块饼干，并问他们是否愿意和玩偶分享。

在整个过程中，面部表情专家仔细观察了孩子们的情绪反应。**孩子们在得到饼干时表现出了快乐，但当他们把饼干分享给玩偶时表现出了更大的快乐，特别是当他们从自己碗里拿出饼干放在玩偶的碗里时。**这一研究表明："通过记录两岁儿童代价高昂的亲社会行为后的情感奖励属性，为这样一种说法提供了基础支持，即在给予他人时感受到的积极情绪是人类合作和亲社会的一种近似机制。"

要想研究"昂贵的付出"（个人牺牲）所带来的内在满足，

幼儿是完美的对象。他们年纪小，因为他们还没有在社会中学会分享，也没有受到自我文化的影响。他们乐于奉献自己的宝贵资源，这就支持了人是为奉献而生的观点。我们天生乐于给予。

普遍性的奖励

我们的母亲经常说"奉献总比索取好"。事实证明，她的建议是科学的。

邓恩博士是这一领域的泰斗，开展的研究具有里程碑意义，研究范围并没有局限在北美地区。她和她哈佛商学院的同事迈克尔·诺顿（Michael Norton）博士在136个贫富不同的国家和地区用了多种方法进行了一系列研究，考察了捐款给人们带来的情感性利益。一项研究要求受试者回忆自己做过对别人慷慨的事，并评价事后的开心程度。另一项研究要求加拿大和南非的参与者为慈善机构或自己买东西，结果发现，无论文化或经济背景如何，比起给自己消费，人们更乐意赠予别人礼物或捐款。

"温情效应"点亮了整个世界，这是人们在给予他人和敞开心扉时的感觉。温情效应具有普遍性，同时也是一种个人奖励。康拉特博士的研究证明，**在所研究过的文化中，有86%至90%的文化表明，人们的身心都能从奉献中获益。**研究人员研究了六大洲（对不起，南极洲不在此列）中60多个不同国家（包括美国）和地区的人们的价值等级，发现给予对绝大多数人而言"具有普遍性"，比权力、成就或消遣更珍贵，高居榜首。

积极影响：倾向于积极的情绪，以一种积极的方式与他人互动，与生活中的挑战周旋。

哈佛大学的研究人员对 142 个国家和地区的"社会资本"进行了评估，得出的结论是，在地球上 95% 的人口中，高度的群体信任和支持——帮助朋友和家人、做志愿服务、做一个普遍值得信赖的人——与更高的生活满意度和积极影响息息相关。**与年龄、性别、收入、宗教、婚姻状况和受教育程度无关，自我报告中社会信任水平较高的受试者（有可以相互依靠的人）比那些有信任危机的人压力小得多，也更快乐。**这与受试者所属的国家或地区无关。感受到社区的支持，相信别人会在需要时帮助你，这些都会让人们更快乐。

这似乎是哈佛大学的天才们得出的一个"废话"结论。但是，话又说回来，世界上仍有很多人建议只相信"我们自己"。从情感上来说，不被信任的人会遭到冷落。他们可能通过做最坏的打算保护自己不遭受背叛。但他们永远不会沐浴在"温情效应"中，也不会体会到尽管有风险也要与他人交往的乐趣。

你应该清楚你的假设会给你带来什么……

一个人类不幸但普遍的真理是，我们常常假设他人包括低估他人的利他主义，错误地认为他们（无论"他们"是谁）不像我们那么纯洁。消极的假设通常是基于刻板的印象。例如：

我们假设一个政党比另一个政党更有同情心。美国的政治分裂程度前所未有，部分原因是民主党人对共和党人的假设，反之亦然。如果你是一个政党的成员，你就会认同它所坚持的一些意识形态和价值观，这是合乎逻辑的。不合逻辑的部分是假设如果你所加入的一方是善良的，那么另一方就一定是邪恶和残忍的。

2016年美国总统竞选期间，宾夕法尼亚州立大学的研究人员着手探究不同政党的成员是否对彼此的同情心抱有成见。在五项独立的研究中（有些是面对面的，有些是线上的）受访者一致认为民主党或自由派比共和党或保守派更有同情心。顺便说一下，民主党人在这个观点上比共和党人更极端。然而，当对两党成员的个人价值观和对同情心的看法进行评估时，结果基本上是一样的。研究表明，就个人而言，民主党人并不比共和党人更富有同情心。感知上的差异而非现实的差异，其夸大了政治上的刻板印象。

我们假设女性比男性更富有同理心。俄勒冈大学的研究人员通过让大学生完成如描述旁人的情绪状态等同理心任务来测试这种刻板印象。女性往往比男性受试者描述得更准确，尤其是当她们与其他女性感同身受时。在另一项对108名年龄在17～42岁的男性和女性的研究中，研究人员再次测试了这些人的同理心能力，但这一次，一半的人得知，如果描述准确会得到报酬。另一半人，也就是对照组成员，不会得到报酬。金钱确实起到了激励作用。被承诺支付报酬的男性和女性，他们同理心的准确性都上升了，完全消除了之前研究中的性别差异。

一方面，好消息是我们知道男性在得到激励的时候，可以表现出和女性一样的同理心。另一方面，不幸的是，研究中的男性（并非所有男性）需要动力才能激发他们的共情力量。而女性则是下意识地这样做，并不期待什么外在奖励。和我们一起讨论这一发现的女性说，作为女性（所有女性）她们非常清楚关心和感受他人本身就是一种回报。

我们假设社会经济地位较高的阶层比社会经济地位较低的阶层更聪明。就情商和同理心而言，这种刻板印象完全是大错特错的。加州大学旧金山分校的一项研究发现，在同理心准确度方面，社会经济地位较低的人比那些自命不凡的高阶层人群更精准。衡量标准是他们判断其他参与者感受的正确程度，以及他们对照片中面部表情的识别度。有人假设，经历过逆境（比如贫困）会让人们对他人的困境更加敏感，以及更能表现出同情心。

这对他们有什么好处？

尽管这一假设与特定群体的刻板印象无关，但它可能是最具杀伤力的。

在一项对哈佛大学本科生的调查中，学生们说自己的大学把"成功"看得高于一切。他们的看法是，这是一个残酷的社会，人们都在拼命获取成功。学生们不认为哈佛大学体现出了同情心，也不认为这是学校的价值所在。事实上，他们把"同情心"排在了哈佛特性的末尾。然而，当问及学生们的个人价值观时，

"同情心"却位居前列。

绝大多数学生都说自己是利他主义者，但（由这些学生组成的）大学却不是。这也太分裂了吧！这些学生可能像他们自己认为的那样无私，但他们绝对没有意识到同龄人对自己的看法。哈佛大学的学生严重低估了同伴对他人的关心与关怀。因此，哈佛大学要求 2015 届的新生承诺，要帮助哈佛成为一个"道德素质与智力素养同等重要"的大学。

我们假设别人比自己或比我们想象的更自私，不是什么好事。改变势在必行。从本质上讲，我们要求你采取一种与研究中人们的实际情况相匹配的心态，而不是做出愤世嫉俗的假设。这不应该是一次困难的转变。如果我们都开始假设彼此是最好的，就会更容易转变个人范式，去为他人服务。与敌对的"对他们有什么好处？"观点相反，持有"我们如何帮助对方？"的态度会让所有人受益，也会让其感到自豪。

提问与答复

人们常常误以为，寻求帮助或问路（你知道自己是谁）很可能是软弱的表现，或者是一种强加于人的做法，会被别人反感或忽视。

哥伦比亚大学的研究人员验证了一个假设：人们低估了直接寻求帮助时获得帮助的可能性。在一项研究中，研究人员让 52 名大学生拿着写字板走到纽约的大街上，任务是让完全陌生的人填写一份两页的问卷。在他们开始这项任务之前，参与者被问及他们认为需要询问多少陌生人才能得到 5 份完整的问卷。平均来说，他们估计需要 20 次询问才能完成任务。他们以为每得到一个"同意"的回答，就会有三个"走开，孩子，你打扰到我了"的答复。

他们的估计误差高达 50%。他们得到的"同意"和"拒绝"的比例为 1 ∶ 2。

研究人员用不同的请求重复做这项研究，例如问陌生人是否可以借用手机、护送他们穿过校园去体育馆，或者给他们指路。在所有类型的"直接询问"中，统计结果是一致的。每一次，**参与者都低估了 50% 至 66% 的陌生人说"好"的频率**。这项研究虽然没有衡量被询问者帮助他人时有多快乐，但他们确实提供了帮助，而且比学生们预期的要多。

起初，我们对结果感到惊讶，以为忙得不可开交的纽约人不会停下来填写一份没有任何奖励的两页调查问卷。把你的手机交给一个完全陌生的人？这听起来有些愚蠢。但我们也落入了假设的陷阱。经过进一步分析，我们回顾了最近的三次街头调查：身穿"绿色和平"组织 T 恤的年轻人拿着平板电脑和小册子，逢人就问："能占用你 5 分钟时间吗？"我们在心里嘀咕着，但还是停下来交谈……大约两分半钟。给别人指路呢？大概是 75% 的人会这么做。"能借用你的手机吗？"我们自己在这个问题上产生了分歧。一些人会借，而另一些人可能不会。

危急时刻的善良

助人行为在发生自然灾害时，最具英雄气概，也最能显现出来。当悲剧发生时，人们会奋不顾身地帮助他人。我们都曾见到过地震和龙卷风过后，社区成员在废墟中挖掘数小时、数天甚至数周，只为寻找失踪者。贾迈尔·扎基（Jamil Zaki）博士是斯坦福大学心理学教授、《善良的战争》（*The War for Kindness*）一书的作者，他把个人在危急时刻团结在一起的冲动称为"灾难同情"。这种联合是铁律，而不是例外，是本能的、占主流地位的。那些暗示情况并非如此的故事，比如，通过讲述卡特里娜飓风期间的无情行为来解释适者生存的故事——往往是不真实的。

约翰·德鲁里（John Drury）博士是英国萨塞克斯大学的社会心理学家，他研究自然灾害和其他紧急情况下幸存者的共同社会认同意识。如果人们有共同的经历和身份，就更有动力互相帮助。社区提供的帮助越多，人们康复得就越快，患创伤后应激障碍（PTSD）的概率也会更低。

团结让我们更有力量。如果我们团结在一起，我们就更有可能安然渡过灾难。

每场比赛都有且仅有一个回合

青少年电影中的经典场景：当两个孩子对峙时，围观的人煽动他们打架。《功夫小子》（*The Karate Kid*）证实了"旁观者效应"概念，即当我们身处一群人中而不是独自一人时，不太可能干预打架或任何紧急情况。我们的想法是，当周围有其他人时，出面干预是别人的事。只有当我们独自一人没有其他人可以帮助我们时，我们才会有所反应。

我们中的一些人实际上已经在现实中经历了考验，找到了在那种情况下"我会怎么做？"的答案。其余的人只能设想自己的反应。自我文化会告诉我们，冒着风险出面干预的回报很少甚至没有。但人类美好的品质——我们的进化本能，仍使我们愿意并能够在食堂打斗变得难看之前将其制止。

哥本哈根大学的研究人员通过收集来自英国、荷兰和南非的公共闭路监控摄像机拍摄到的 219 起实际冲突的数据，研究了在现实生活中挺身而出的人类本性。**十次事件有九次，至少有一名旁观者站出来。**在研究的三个国家中，90% 的助人率都是成立的。更重要的是，人群越大，就越有可能有人站出来，这推翻了长期以来关于旁观者效应和我们帮忙在先、后悔在后（或不后悔）的自然倾向。

我们往往假设在紧急情况下，不会有人帮忙。但事实上，在 90% 的情况下我们都能得到帮助。

你不能带走他

这一章从蹒跚学步的孩子开始，以满腹牢骚的老年人结束。以你对爷爷的了解，你可能会想，上了年纪的人会固执己见，他们的倔脾气是不会改的。

别这么武断！研究发现，给予行为会随着年龄的增长而增加。显然，一些自私了一辈子的老年人意识到，唯一有价值的快乐就是为他人服务。

乌尔里希·迈尔（Ulrich Mayr）博士和他在俄勒冈大学的团队使用功能性磁共振成像仪扫描了80名年龄在20岁到64岁之间的参与者的大脑。在一项实验中，研究人员从受试者的个人银行账户中提取资金，将其转入一家慈善机构的账户。对一些人来说，现金转移增加了伏隔核的活动，伏隔核是大脑中的"奖励中心"。在35岁及以下的受试者中，只有24%的人出现了这种波动。但在55岁及以上的受试者中，75%的人都发生了这种情况。不仅如此，年龄较大的参与者迫不及待地把钱捐给慈善机构，自愿接受实验研究，与年轻的受试者相比，他们自我评价为随和以及有同理心的比例更高。

与20多岁的人相比，60岁的人向慈善机构捐赠的收入份额是20多岁的人的三倍，并且自愿为他人服务的可能性高出50%，究其原因，可能是因为后者有更多的钱和时间。也许这是社会地位的问题。其心理动机很难确定。但迈尔的功能磁共振成像结果显示，老年人实际上很享受给予他人。脑部扫描结果不会说谎。无论这些老年参与者年轻时的表现如何，现在他们都真的很乐意帮助有需要的人。随着时间的推移，老年人通过反复试验和生活经验发现，帮助别人的感觉要好得多，比物质上的获得和所谓的成功更重要。这给年轻人的启示是：跳过那些"获得"荣誉和金钱的岁月，直接进入"奉献主义"，去了解老一辈所学到的人生意义。

在加拿大的一项研究中，研究人员召集了 648 名在随和性上得分较低的老年人，让他们进行为期三周的爱心冥想或善行练习。在两个月的随访中，受试者再次接受测试，看看他们的随和度是否发生了变化。以他人为中心的冥想和善行练习大大地减少了他们的抑郁情绪，提高了生活满意度，并使脾气暴躁的人变得随和。而且，这种做法不仅适用于脾气暴躁的老人或选定的行善练习者，而是适合所有人。

感恩节晚餐还是有希望的！通过学习如何富有同情心，爷爷们可以有一个更光明的人生观。对他友善（和耐心），你也会收获利他主义的好处。

当我们留心人性，留心我们进化中给予他人和互相帮助的必要性时，我们就能生生不息。如果我们如生来那般乐于奉献，我们就能得以繁荣。如果我们能试着不低估他人的善良和同情，作为回报，我们就能变得更加乐于付出和心存感激。

懂得付出，反而会获得更多。这就是利他主义的悖论。你能在快乐地获得个人利益的同时，真正做到关注他人吗？

简单回答就是：能。

完整的回答参见接下来的第三章。

很多人认为富有同情心会让人心力交瘁，
但我向你们保证，拥有一颗同情心真的能
让我们精力充沛。

——罗希·琼·哈利法克斯
(Roshi Joan Halifax)

第三章
给予悖论

本书围绕服务他人的惊人力量以及服务他人（对身心健康、幸福感、情绪和心理健康甚至事业成功）的有益影响而展开。但是，科学研究表明，服务他人和成为真正的奉献主义者，与一个重要的秘诀有关。

这个秘诀与一个"悖论"息息相关。

"悖论"：一种看似荒谬或自相矛盾的陈述或命题，经过调查或解释，被证明是站得住脚的或者说是正确的。

例如，"拥有你，或无法拥有你，我都活不下去。"那么波诺（Bono）的这句歌词到底在说什么？到底是拥有你，还是无法拥有你？如果拥有或无法拥有，你都活不下去，那么你为什么还在呼吸？（我们只是逗一下波诺，并不妨碍我们向他表达最深切的敬意；他是真正的奉献主义者，致力于在全球抗击贫困和疾病。）

本书假设：服务于人，受益于己。这话听起来很像一个巨大的悖论。但是确实如此。

但是，确凿的证据证明，还存在另一个重要的惊人悖论：要想在利他主义游戏中独占鳌头，你需要适当的自利，这样你就不会成为受气包。任人宰割从来就不能帮你成为一个真正的奉献主义者。

为了理解这一点，我们暂时离开医学界，进入商界。具体来说，我们需要检验格兰特博士的研究，他本人是世界一流的组织心理学家，花费数年时间研究他人利益和自身利益对工作绩效和职业成功的影响。

更好地服务他人与照顾好自己同等重要

人们通常认为，如果一个人是高度的利他主义者，那么这个人就是不利己的。如果为他人服务是一个单一的连续统一体，一端是极端的利他主义，另一端是极端的利己主义，我们大多数人都处于两者之间的某个位置，那么这就说得通了。

利他主义 ←——————————→ 利己主义

格兰特发现，高度利他主义的人占据了成功量表的顶端。有趣的是，他发现占据成功量表最底端的也是这类人。如何解释这种对立呢？是什么原因让最慷慨的工作者走上如此截然不同的成功之路？在《给予与索取》(*Give and Take*) 一书中，格兰特解释说，实际上存在两个相互独立的路径：一个是利己主义路径，另一个是利他主义路径。

低程度的利他主义 ←——————→ 高程度的利他主义

低程度的利己主义 ←——————→ 高程度的利己主义

格兰特的研究表明，"利他主义"和"利己主义"根本不存在于一个统一的连续体中。这是两种完全独立、截然不同的心态。也就是说，如果你在一个方面高，在另一个方面也不一定低。例如，高度的利己主义并不意味着不重视他人利益，反之亦然。因为两者处于独立的路径上，你可以在两个路径上同时有高有低。

利己主义程度高而利他主义程度低的人是自大狂（Egomaniacs，这是我们的术语，非格兰特的术语）。他们非常自私，只关心自己，不关心别人。尽管对邦德电影中的反派或戈登·盖柯（Gordon Gekko）来说，成为一个极度自利且权欲熏心的人是正确的策略，但对现实工作场所中的普通人来说，这一策略注定会失败。自私贪婪的人会被人讨厌，最终很难出人头地（稍后，我们将通过数据来证明这一结论）。

利己主义程度低且利他主义程度也低的人是懒汉（Slouches）。他们对自己或他人成功与否置身事外。事实上他们什么都不在乎。冷漠是另一个用来形容他们的术语。

利己主义程度低而利他主义程度高的人是受气包（Doormats），这个术语最确切了。这类人不仅会给同事们带来新鲜出炉的饼干，还会承担别人不想做的多余工作。他们任人摆布，逆来顺受。尽管这类人为他人服务，但他们在工作中却也表现不佳。首要原因是，他们为自大狂所利用和驱使，更有可能耗尽自己的精力。

利己主义程度高且利他主义程度也高的人是奉献主义者（Live to Givers）。格兰特称他们是"倾向利他的"，而不是"自私的"，他们在工作中最成功。格兰特的研究数据非常清楚地表明了这一点，特别是需要团队合作的职业（如服务行业、销售、金融咨询、政界甚至人道主义工作等），成功协调（或整合）利己主义和利他主义的人将会成功。

奉献主义者不仅关心自己的成功，也关心同事和整个团队的成功。他们会为他人牺牲，也会维护自己的利益。他们的给予行为和态度是最可持续的，因为他们不会以一种不可持续或不健康的方式奉献他人，进而掏空自己。他们会为自己保留一些光和热，从而激发与他人分享的能力。

布林·布朗（Brené Brown）说，保持同情心的秘诀，或者说最富有同情心的人的共同点，是界限。布朗既是一名研究人员，也是一名小说家。最有同情心的人都有非常明确的界限感，别人的尊重对他们来说至关重要。他们非常清楚什么可为，什么不可为，并且对周围的人执行这一准则。因此，这是一种对他人的绝对同情，以明确的界限感为依据。有了界限感，同情心才能持续。

奉献主义者认识到服务他人对自己也有好处，并希望自己能从中受益。然而获利并非他们帮助别人的原因；这只是给予的副产品，他们也都欣然接受。为什么不这样做呢？知道服务他人是治疗自己的良药，这种认知也不会破坏或阻止帮助他人的有益效果的发生（稍后我们将展示相关数据）。也许正是因为知道为别人服务也是服务自己，他们才成长为货真价实的帮助者和给予者。成为奉献主义者有助于"享受人生乐趣"。因此，他们的工作很出色，他们毫不费力地给予他人，他们总是给人一种充满活力、很健康和很快乐的印象。

基于格兰特首次描述的框架，我们进行了更新，并参考了本书包含的数据，总结了利己主义者的四个类型（表 3–1），其中成为奉献主义者是获得成功的最佳选择。

表 3-1 利他主义者的不同类型

	高程度的利他主义	低程度的利他主义
高程度的利己主义	奉献主义者	自大狂
低程度的利己主义	受气包	懒汉

格兰特把两种利他主义程度高的人都称为给予者，包括奉献主义者和受气包。在所有工作场所中，"给予者"类型的同事和经理都比"索取者"（格兰特将其定义为那些不重视利他主义的人，也就是我们所说的自大狂）更受欢迎。但如果你是一个给予者，你需要保护一定程度的自我利益来阻止索取者欺负你。如果极度关心他人的人能适度利己，他们就能从受气包变成生活的给予者，并在职业生涯中更成功，走得更长远。

现在让我们从商界回到医学界，这种悖论也发生在卫生服务领域。比利时根特大学的研究人员着手确定哪些因素可以预测医学生的学业成绩。这项针对六百多名学生的纵向研究，追踪了他

们在七年期间的表现和人格特征。比起其他任何特质，自觉性
（勤奋）这一自我关注的特质对学生来说是一种"不断累积的资
产"。他们总是需要勤奋学习才能取得好成绩。但在后来的几年
里，当学生们开始与患者打交道，并需要在团队中相互协作时，
**那些表现出利他主义特质——如外向、乐于助人和协助同学的学
生取得了最佳成绩。**他们能够充分发挥自己的人格魅力，在帮助
其他同学的同时不断督促自己，他们的工作做得最出色。

照亮别人才能点亮自己。

不要让我们再次陷入"悖论"。

我们的观点与格兰特相似。我们不仅关注工作表现和"成
功"，还关注身心健康、幸福感和成就感、情绪和心理健康。同
样的组合——高利他主义和高利己主义——仍然适用于最佳结
果。格兰特主张，健康的利己主义对接受他人支持来说是必要
的。这点很重要，因为接受他人帮助的能力培养了给予他人帮助
的能力。互助让我们成为更有能力的奉献主义者。

在 2008 年世界经济论坛的一次演讲中，微软公司创始人比
尔·盖茨提醒我们：公认的资本主义之父、《国富论》的作者亚
当·斯密（Adam Smith）坚信利己主义在社会上的价值，他的第
一本书开篇有这样几句话："不管一个人有多么自私，他本性上一
定还是会坚持某些节操，这些节操会促使他关注别人的命运，并
认定旁人的快乐对他来说是必要的，尽管除了见到他人快乐而感
受到的欢愉，他无法从中获得其他任何好处。"

盖茨接着说："人性中有两大力量：利己主义和利他主义。"

通过驾驭利己主义和利他主义这两种巨大的力量——盖茨称之为"混合发动机",你可以抵达巅峰,过上健康又满意的生活。

别践踏我

真正的门垫,无论是长方形,还是正方形,又或者是猫头形状,都有清晰的边界。受气包(门垫似的人)需要一点健康的利己主义来平衡他们的付出,并界定他人和自己的界限。不关心自己反而一味地给予别人或掏空自己,只会招来得寸进尺的人,从而造成精力枯竭和对自我的抹杀。格兰特把过度给予而没有保护自身利益的行为称为"病态的"利他主义,一种"病态地关注他人而损害自己的利益,完全无视自己需要的行为"。利己主义程度很低而利他主义程度高会让受气包对任何帮助都感到不舒服。没有界限和支持,难怪他们会崩溃。

一些研究人员指出,不关心自己幸福的持续性给予行为——"极端的共生"(unmitigated communion)——会让你处于精神健康不佳的高风险中。相反的行为,不顾他人幸福的持续性索取行为,被称为"极端的能动"(unmitigated agency),在不同的方面也是有害的:如极端利己主义者。根据卡耐基梅隆大学的一项研究,极端的共生与"对自我的消极看法以及向他人寻求自我评估信息"有关。作者说,依赖他人来获得自尊会导致"过度参与他人而忽视自己"。"受气包主义"听起来可能很糟糕，很需要得到帮助。但极端的类型是不可持续的，这是自尊心低的明显迹象，也是心理困扰的前兆。

当我们在媒体采访中谈到同情心和利他主义时，在百分之九十九的情况下我们的主要建议是养成问"我能帮上什么忙？"的习惯。在极端共生的情况下，我们会反过来告诉极端的受气包要学会开始问："谁为我想想呢？"以此慢慢地向自利主义靠拢。

受人喜欢还是受人尊敬？

"狠角色"这个词有着难以置信的持久力，尽管它在字面意义上令人讨厌。狠角色指的是那些实话实说并在自己的领域如鱼得水的人。此外，他们总是酷酷的（风格类型），但是有时会显得不够礼貌。

在坚持利他主义的同时，你完全有可能成为一个彻头彻尾的狠角色。两者并不互斥。要成为利他主义者，你必须有点叛逆，因为"我们意识"并不总是社会规范。此外，利他主义也不适合胆小的人。你可能需要考虑加入并阻止陌生人之间的争斗，在地震后爬上废墟援救等。要有开阔的思维，真正看到别人的需求，你就需要有必要的资金、勇气和一些意志力。

　　亲和性——人们在社会交往中积极、愉快和礼貌的程度——是五大性格特征之一（与外向性、责任感、开放性和情绪稳定性一起），部分是天生的。格兰特在《给予与索取》一书中写到，你的亲和性有一半可能是遗传的。人们通常认为，亲和性与其利他主义处于同一连续体上。你越是利他，你的亲和力就越大（看起来热情、友好、体贴）；你越漠不关心，你就越不亲和（显得冷漠、不友好、不体贴）。

　　将利他主义与亲和性（以及利己主义与非亲和性）归为一类，乍一看很有道理。有意思的是，生活中最慷慨和最具同情心的人，大多是很好相处的人。反观那些暴躁的人，大都对感情、时间和金钱很吝啬。《绿野仙踪》（The Wizard of Oz）中善良、美丽、活泼并且和蔼可亲的格林达（Glinda）是帮助多萝西（Dorothy）的善人。残忍、丑陋、令人厌恶的西方女巫经常咯咯笑，但试图杀死多萝西还有她的小狗。从人物的原型上看，我们把亲和性与"好"联系在一起，把非亲和性与"自私地无视他人"联系在一起。

　　但是把亲和性和利他主义联系在一起是行不通的。格兰特发现这两者之间并没有可靠的联系。

　　在工作场所，给予者分享功劳，提供指导，施以援手，为集体成功而提升团队；索取者却只关心自己的成功。

　　我们先暂停一下，你在脑海中列出工作场所中给予者和索取者的名单……要不了多久！

　　现在，名单上的一些给予者也可能脾气暴躁、粗鲁无礼，不是你下班后一定想和他们一起出去玩的人。在索取者中，你可能会发现一些人很有魅力、很健谈、很友好（至少在你面前是这样的）。乐于助人和给予并不一定是令人愉快的。事实上，骗子和阴谋家可能表面上很随和，但内心却被自利主义填满。

亲和性和利他主义同样是独立的。亲和 – 不亲和的连续体是独立于利他主义和利己主义之外的第三条路径。有了这三条路径，我们就有了很多可能的组合。

举几个例子，**高利己主义、低利他主义且不亲和的人就是暴君**。格兰特在演讲中把这类人比作《权力的游戏》（*Game of Thrones*）中的瑟曦·兰尼斯特（Cersei Lannister）❶。他们不在乎是否得到旁人的喜欢，也不在乎你说了什么。

低利他主义、高利己主义且很亲和的人是幕后黑手（Underminers），还不如暴君呢。有人会说，这两种人都应该受到游行君临城❷的惩罚，其间市民们会大喊"耻辱！"然后把烂菜叶子扔向他们。在暴君那里，所见则为所得。但在幕后黑手那儿却不是如此。他们可能会为你鼓掌，为你欢呼，但他们最终只会做对自己有利的事情。能虚伪地说出"爱死了！"的人，在某种程度上是披着羊皮的狼。

高利他主义、高利己主义且随和性一般的人是奉献主义者。

---

❶ 瑟曦·兰尼斯特是美剧《权力的游戏》中的角色，她让观众看到了一个女人是如何玩弄权力和运用手段的。

❷ 君临城是《权力的游戏》中的一处地点。

和随和的人在一起可能会更有趣，也更容易放松紧张的神经，但正如格兰特在演讲中关于这个话题所说的那样："不随和的给予者是我们组织中最被低估的人，因为他们会给出没有人想听，但每个人都需要听到的批判性反馈。"

在需要的情况下，一个不随和的奉献主义者其实最具有利他主义的特质，因为他们对你的批评是有原因的。通过严格的审查和对薄弱想法的质疑，他们自己变得不受欢迎，却推动了团队走向辉煌。他们对你说的话是忠言逆耳，是在为他人着想。他们通过提出真诚的质疑，提升了团队的地位，即使这样做会让你惶恐不已。

这也适用于个人关系。最爱我们的人会告诉我们需要知道的残酷真相，不管这些真相会让我们多疼。与给予者一起生活或工作有时会如坐针毡。但是，他们有时宁愿不讨人喜欢，也要表现得诚实，他们才是最慷慨的人。

真正的给予者

最后一个"悖论"是：你试图给予的越多，你实际产生的影响就越小。

有些人对任何慈善机构或寻求帮助的人都伸以援手。而有些人在帮助他人方面有自己的一套原则。

马兹认识一个人，我们都叫他伯特（Bert），他是一个很有眼光的捐献人。他是两家慈善机构的董事，致力于治愈恶性疾病。伯特为这些事业贡献了大量的时间和金钱。如果你让他为另一个同样有价值的事业捐款时，他会说："不！"并会让你为自己问过这个问题而感到内疚。伯特拒绝向其他慈善机构捐款，给人感觉很不友好。但他清楚自己的想法和内心。他致力于自己最关心的两项事业，通过他的努力，他为这两项事业筹集了一笔资金，带来了真正的改变，并真正帮到了他人。伯特在他的两家慈善机构中产生了真正的影响，他本人也能看到辉煌的成果。

马兹还认识另一个人，我们都叫他欧尼（Ernie），他是你能想到的所有慈善机构的董事会成员。他把钱捐给了致力于卫生服务、环境和社会正义等各种组织。凡是你叫得出名字的慈善机构，从红十字会到联合慈善基金会，他都参与过，但可能都只是表面上的。在外人看来，欧尼简直就是地球上最善良、最有爱心的人，但他的影响力却微乎其微。他"只会作秀，不会行动"，不太可能从他的利他主义中得到奉献主义者的好处，因为他做的都只是表面功夫。

动不动就说"不"的"刺头"，才是真正的给予者。

把"好"挂在嘴边的老好人，其实算不上真正的给予者。

最后，一个矛盾修饰法

矛盾修饰法就像"悖论"，因为它的确是矛盾的。区别在于，"悖论"是一个陈述或一个动作。矛盾修饰法是将两个互不调和的词放在一起，组成词组，如巨型虾米、苦乐参半、即时经典、沉默嘶吼以及利他的利己主义。

利己主义：受自己的利益和欲望驱使

医学博士汉斯·塞利（Hans Selye）是内分泌学家，拥有匈牙利和加拿大双国籍，他在 1956 年所著的《生活的压力》（*The Stress of Life*）中推广了"压力"这个词，并将压力和健康联系起来。人们还认为他是"利他的利己主义"一词的鼻祖。塞利在几十年前就意识到，以他人为中心可以降低压力对健康的影响，不仅对接受者有益，对给予者也有益。

围绕利他的利己主义有一个完整的哲学领域，考察利他主义（对他人的幸福无私关怀的信仰和实践）是否真的是以他人为中心，而不是另一种模式的利己主义（受自身利益驱使）。如果我们所做的一切总是回到我们的感受上，那么还能有什么公共利益或对他人的关注吗？

鲍勃·布福德（Bob Buford）在《中场休息：从成功到卓越》（*Halftime: Moving from Success to Significance*）一书中写道："我致力于实践'利他的利己主义'。利他的利己主义是指通过帮助他人来获得个人满足感。获得邻居的好感可以看作是践行利他的利己主义的最大收获。"

社会心理学家丹尼尔·巴特森（Daniel Batson）博士和罗伯特·B. 西奥迪尼（Robert B. Cialdini）博士就"是否存在纯粹的无私"展开激烈的哲学辩论，前者认为纯粹的利他主义确实存在于同理心中，后者认为当我们看到别人的痛苦时，我们也会感到痛苦，而我们帮助他们只是为了让自己好受一点。这是一场循环论证，似乎总是以僵局告终。（我们将在后面的章节中继续讨论利他主义的动机。）

"纯粹的"利他主义是什么样？是像钢铁侠❶一样的人吗？钢铁侠耗尽无限宝石只为除掉灭霸❷，却在这个过程中死去。有人可能会说，即便如此，如果牺牲自我可以缓解托尼·史塔克（Tony Stark）面对末日来临时的痛苦，他的救世主之名也可以因此流芳百世，那么这何尝不是一种自私的行为。

我们不会花太多时间思考哲学论点，或者进行利他主义纯粹度测试。我们是搞科学的。我们在乎的是给予、关怀、联系、鼓舞、共情和同情等对健康有益的证据。益处多多，送给你和你照耀的人。

也许你听说过"零和游戏"这个词。最好的解释就是想象我们面前有一个蛋糕。也许是巧克力蛋糕，也许是胡萝卜蛋糕。我

---

❶　钢铁侠是美国漫威漫画旗下的超级英雄。

❷　灭霸是美国漫威漫画旗下的超级反派。

们就选巧克力蛋糕吧。假设你的朋友吃了整个蛋糕。一个人得到了蛋糕；一个人没有得到。这就是零和游戏：1 胜 1 负，总和为零。

在"非零和游戏"中，你和你的朋友都有蛋糕，也吃了蛋糕。另外，你还看了一部电影或一场重要的比赛，也许你还和斯蒂芬共饮了葡萄酒或和马兹喝了啤酒，"奖励激素"刺激了你们的大脑，你们开怀大笑。一个人得到了幸福并不意味着其他人就一定不快乐。通过给予，每个人都得到了更多：$1+1=\infty$（正无穷大）。

在奉献主义者的世界里，我们都能得到蛋糕。

利他主义还是利己主义，谁在乎呢？这是一个非零和游戏。每一次都是"我们"赢了，这是双赢。当一个人帮助和支持另一个人时，双方都会受益。

作为一种幸福处方，"关注他人"不同于任何现有的疗法，它无不良反应。以奉献之心帮助别人也是帮助自己，知道这一事实并心存感激，无可厚非。享受"温情效应"并不是道德败坏。在为他人做好事的同时享受到真正关心他人带来的附属品（比如防止倦怠和减轻压力），既没有造成伤害，也不是一种罪过。

你今天听到的绝大多数信息（尤其是如果你还年轻）都是关于出人头地的。这种自我关注禁锢了人们的思想。让你认为一切都是为了你自己。

但当你真正到达顶峰后，你会发现跟你想的完全不一样。然后你会看到一座更有意义的、值得去攀登的山，布鲁克斯称之为"第二座山"，那就是尽你所能给别人带来幸福和快乐，帮助别人。

我们经常告诉人们完全可以跳过第一座山，直接去爬第二座山。数据显示，只要绕过自私山的山脚，开始攀登无私山，你的整个生活将更有意义，你也会更健康、更快乐。山顶的风景更美，也许那时你已经带着那些你影响到的人一起享受这美景了。

你不必纠结于利己主义与利他主义的争论，你只管登上顶峰。唯一需要注意的是，你需要以一种和谐的方式邀请他人进入你的观念体系。接纳他们的需要和想法，不要让他们践踏你。

然后，无论你是否选择成为一个有亲和力的人，你都将成为"奉献主义者"。正如你将在这些页面上看到的，根据科学研究，成为"奉献主义者"是促进健康和幸福的方法。

你可能已经达到了"奉献主义者"的状态。令人沮丧的是，你也可能离这个目标还很远。那么查明它最好的办法是什么？接下来，测试一下"你有多自私？"。

我们坚信改变是可能的，这是人性中最强

大的力量之一。

——肖恩·埃科尔（Shawn Achor）

第四章
你有多自私？

接受以下测试，看看你有多自私。

以下共有 20 项陈述及 5 个选项请仔细阅读每一项陈述，并将符合你观点的数字代号填入每一个陈述前面的横线上。请尽可能诚实地回答。

非常不同意	不同意	不确定	同意	非常同意
1	2	3	4	5

_____1. 通常来说，帮助别人有效地利用了我的时间。

_____2. 如果有机会，我会尽我所能去帮助有需要的人。

_____3. 如果我在出租车后座上发现一个钱包，我会设法把它还给失主。

_____4. 帮助我爱的人是我生命中最大的快乐之一。

_____5. 在紧急情况下，比如有人被车撞了，我会尽我所能帮助需要帮助的人。

_____6. 有朋友打电话说需要我，我会放下手头的一切去帮助他，这让我感觉很好。

_____7. 我相信做人道主义事业的志愿工作是非常值得的。

_____8. 我会停下来给迷路的外地人指路。

_____9. 主动奉献我的时间让我感到温暖。

_____10. 我相信为慈善事业贡献时间或金钱是很重要的。

_____11. 帮助老年人是每个人的社会责任，即使他们不是我们自己的家庭成员。

_____12. 培养同情心应该成为学龄前儿童课程的一部分。

_____13. 我死后想捐献我的器官。

_____14. 如果我收到来自社区和学校活动招募志愿者的群发邮件，我会报名。

_____15. 帮助别人让我内心平静。

_____16. 如果在我后面结账的人只买了一两件商品，我会让他们排在我前面。

_____17. 帮助需要帮助的人让我感到自豪，但没必要拿来吹嘘。

_____18. 帮助别人并不会让他们失去独立性，而是给他们一些喘息的空间进行自救。

_____19. 如果发生自然灾害，我会捐款帮助受灾群众。

_____20. 向无家可归的人捐款是正确的事。

得分

答完题后，把所有数值加起来。分数范围是 20 ~ 100 分。分数越高，说明为他人服务得越多。分数越低，说明越自私。

- 60 分以下：F
- 60 ~ 69 分：D
- 70 ~ 79 分：C
- 80 ~ 89 分：B
- 90 ~ 100 分：A

　　这个测试改编自明尼苏达州立大学穆尔黑德分校心理学教授加里·S. 尼克尔（Gary S. Nickell）于 1998 年发明的《帮助态度量表》。我们的修改版本更新了原始版本；测试的基本精神与尼克尔最初的测试并无二致。经过深思熟虑，我们一致认为这个测试是对关注他人最好的评估工具，因为它涉及行为和情感。

　　为他人服务是成为奉献主义者的必要条件。你不必冒着生命危险去帮助陌生人或亲人。但是，如果你看到邻居的窗户冒出浓烟，你可以立即停下脚步去拨打报警电话。

　　如果你享受为他人服务的过程，发现它是有回报的，并且通过亲社会的给予感到"平静"，你就更有可能继续这样做，这就是情绪发挥了作用。给予的巨大益处来自始终如一的行为和态度。目前还没有 Insta-Give❶ 应用程序。为他人服务是一种（快乐、健康）的生活方式。

　　尼克尔对 409 名本科生的量化表进行初步确认，发现他们的平均得分为 79.56 分。标准偏差为 8.73 分，这意味着，在对称

---

❶ Insta-Give 是一种产品促销活动，将产品赠送给随机选中的参与者。

的"贝尔曲线"❶上，68% 的人分数在 70.83 分和 88.29 分之间。

100 分是满分，79.56 分是 C+，非常接近 B-。在我们看来，这个分数不好不坏，是一个对大众服务他人的良好评估。

我们最好的猜测是，如果我们在做研究之前就做了这个测试，我们在为他人服务方面得分也会在 C+ 或 B- 范围内。我们是医生，不是慈善家！但那是在我们了解到服务他人让我们受益匪浅之前会说的话。从那以后，我们提高了同理心（准确感受他人所感）和同情心（用行动回应他人的感受），达到了 B、B+ 的水平。

所以呢？你会怎么做？

如果你的分数令人失望（回想一下，如果你的成绩单上写了个 C，你妈妈说："我没有生气。我只是失望……"）打起精神来。从一个超酷的方面来说，关注他人就像代数：如果你愿意付出极小的努力去学习如何做，你就能提高你的分数。你并不是注定一辈子只能在奉献主义这所大学里得 C。通过阅读本书并采用其中的策略，你可以在学期结束前，在利他主义方面获得更高的分数，并且仍然可以从中受益。

一朝是混蛋，终身是混蛋？

也许你在这次测试中得了 C 或更低。在这种情况下，你可能会想，我是不是天生自私，注定痛苦，注定孤独而终？

---

❶ 贝尔曲线又名正态分布曲线，反映了随机变量的分布规律。

没必要为此焦虑。

神经科学研究"先天与后天"问题已经有一段时间了。"先天"的观点是，我们生来就有的性格特征是无法改变的。如果这是真的，我们会根据基因成为某种类型的人。性格是注定的。

"后天"的观点是，我们可以通过教育或训练来培养某些技能，并减少其他行为。根据这个推理，性格事关抉择。

我们的 DNA 决定了我们是谁，比如我们眼睛的颜色。奇怪的是，我们学过卷舌——能够把舌头卷成 U 形，或对真正有天赋的人来说，可以变成 W 形（只有少数人能够做到）。

现在，当你试着卷起舌头时，我们有一些爆炸性新闻：原来你的认知可能完全错了。科学研究不仅清楚地表明卷舌不是遗传性状，而且还发现卷舌实际上是可以学习的。

当斯蒂芬告诉他的孩子们这个冷酷无情的事实时，他的女儿说："你是说我不特别吗？"

她当然是特别的！但是与卷舌无关。

斯蒂芬说，他的妻子塔玛拉（Tamara）99.99% 拥有"给予的天性"。我们都知道有些人似乎天生就有一颗金子般的心。我们也知道有些人似乎天性冷漠，铁石心肠。

有证据表明，在某种程度上，一个人的关怀能力确实来自遗传基因。在最近的一项研究中，研究人员前往俄亥俄州的特温斯堡参加一年一度的双胞胎节（人们称之为"双胞胎日：世界上最大的双胞胎年度聚会！"比如科切拉音乐节是为曾经共享一个子宫的人举办的），并要求 296 名与会者填写一份经过充分验证的调查，内容是关于他们注册成为器官捐赠者和其他利他行为的意向。每个问题都用五分制衡量。

拥有相同 DNA 的同卵双胞胎中，有 65% 的人对成为器官捐赠者有完全相同的意愿。

在与其他兄弟姐妹 DNA 相似但不相同的异卵双胞胎中，33% 的人对捐赠的看法完全一致。

他们会帮助一个迷路的陌生人吗？同卵双胞胎在 63% 的时间里回答是一致的；而异卵双胞胎只有 24%。

他们会给陌生人钱吗？同卵双胞胎有 51% 回答一致；异卵双胞胎只有 29%。

他们会在公共汽车上让座吗？同卵双胞胎有 46% 回答一致；异卵双胞胎只有 24%。

参加双胞胎节日？节日上的同卵双胞胎和异卵双胞胎的准确率都是 100%……

大多数拥有相同 DNA 的双胞胎有时会意见一致，但也不是绝对的。异卵双胞胎似乎在很多事情上意见都不一致。对于向慈善机构捐款这件事，只有 16% 的异卵双胞胎给出了同样的答案。他们似乎更不同步，就像在乔氏超市的收银台上随机配对一样。

斯坦福大学心理学教授扎基博士估计，来自父母 DNA 的基因遗传只占关怀他人先天能力的 30% 左右。你 70% 的给予（情感、时间、金钱）是后天培养的结果。

至于天赋的遗传，毫无疑问，我们生来就有天赋。科学界没有人质疑过人的天赋是否存在。的确，我们并不是天生就有迈克尔·菲尔普斯（Michael Phelps）❶那样的体型和运动能力。但只要用心，多多练习，我们都可以游得快一点，我们并非生来就是艾丽西亚·凯斯（Alicia Keys）❷那样的音乐天才，但我们都可以通过用心练习，学会在钢琴上弹奏一首简单的曲子。

几乎所有事情，只要想做，你都可以学习，包括关注他人。没有人天生就自私到极点，只考虑自己的利益不参与任何人的生活。与你可能听说的相反，你不是"一个慷慨大方的人"，也不是"一个贪婪自私的人"。我们都是可以对自己的行为做出选择的人。我们不是斑马。如果我们相信改变是可能的，我们可以像更换衬衫一样随意地更换自己的条纹。

"我就是我"和"它就是它"都不是基于证据的科学结论。因为你认为自己是一个天生利己主义的人，就绝口不提利他主义的事，这是一种逃避。我们知道，自我认同感是根深蒂固的（如果不是天生的），想要改变它就像在没有地图的情况下驶向未知，这是很可怕的。只要是不费力就能做出改变的方法，人们都愿意相信，即使他们知道费力做出改变对自己大有裨益。

我们是搞科学的，我们只展示科学事实。事实是，大量的证据证实你可以改变你的想法。从字面意思来看，**同理心、同情心和关注他人是技能，而不是特质**。如果你愿意做出有意识的决

---

❶ 迈克尔·菲尔普斯是美国职业游泳运动员。

❷ 艾丽西亚·凯斯是美国女歌手、音乐人、演员和作家。

定，技能是可以提高的。有意改变不仅是可能的，还是必要的。

这不是挑战，也不是威胁。这是对未来的承诺。

 同情……是一种承诺。这不是我们拥有或没有的东西，
而是我们选择去实践的东西。

——**布林·布朗**

大脑是可以训练的

你可能学习到人类的大脑由一团脂肪、白质、灰质、神经细
胞和血管组成，你是对的。但是，就大脑的生长和变化而言，它
更像一块肌肉。如果你只参加几个月的"臂力日"，你的胳膊上
的肌肉会变大，但你的其余部分不会改变或萎缩。如果你锻炼了
大脑的某些区域，比如负责积极情感和联系的区域，它们会变得
更加强大，而未锻炼的部分——负责消极情感和分离的区域——
则会萎缩。

通过训练，大脑可以具有强烈的利他主义倾向。当你放下一
切为朋友提供帮助时，你大脑里服务他人的肌肉就会膨胀。如果
你的朋友打电话给你，而你拒绝帮忙时，你的大脑里的"自私肌
肉"就会变强。甘地说过："同情心是一种肌肉，越用越强。"他
对关注他人了解很多，但对强化自己的这种能力（或"肌肉"）
知之甚少。

神经可塑性：大脑形成和重组神经网络的能力，特别是在学

习和经历中，或在受伤恢复期中。

神经科学家通过研究中风患者或织针意外刺穿眼睛的脑损伤患者（这种事情确实会发生，你不知道这些年我们在急诊科都遇见过什么），首次发现了神经可塑性，即器官改变和生长的惊人能力。

极其不可思议的是，大脑可以在神经元（脑细胞）之间形成新的连接，从而弥补受损的组织。神经可塑性解释了为什么一些患者能够从疾病和损伤中恢复并重获活力。这种恢复不是一蹴而就的，但也是可以发生的。大脑不是一块砖，它更像一块黏土，至少在某种程度上是可以重塑的。

近年来，神经科学家已经了解到，大脑可以适应的远不只是身体的损伤。它会随着新形式、新挑战以及环境和对表现的要求而变化。神经科学家曾经一度认为，到了一定年龄大脑就"固定"住了，无法接纳新事物。**但一个健康成年人的大脑是发展变化的。在我们的一生中，大脑可以经历神经再生（新的脑细胞的形成），这种再生只会随着年龄的增长而适度下降。**声称自己太固执己见，不能成为一个奉献主义者，只是一个借口，并没有生物学证据的支持。

大脑的可塑性研究在该领域带来了真正的范式转变。新的研究路径：通过研究重复的、专门的思想和行为来观察大脑是如何被塑造的。说到路径……你去过伦敦吗？这座城市到处都是狭窄、曲折的街道，比《哈利·波特》书中的邪角巷更令人困惑。那里的出租车司机却对这个迷宫了如指掌。他们每天都在街道上穿行无数次，他们知道该在哪里转弯，走哪条路更近。

伦敦大学学院的研究人员使用核磁共振来研究伦敦市资深出租车司机的大脑，发现出租车司机的后海马体，即大脑的空间关系和空间记忆部分，明显大于其他人。

你可以认为出租车司机天生就有更大的后海马体，他们天生更擅长辨认方向，并自然而然地想：我知道我要做什么！我要去伦敦开出租车！但这似乎有些牵强附会。一个更合理的解释是，每天接触复杂的导航要求改变了他们的大脑结构。由于经常使用，大脑的后海马体变大了。这项研究颠覆了"大脑固化"的观点。

变化带来增长。我们发现特别有趣的一点，科学也证明了增长会导致变化。

思维是可以训练的

斯坦福大学的卡罗尔·德韦克（Carol Dweck）博士和她的同事研究了学习新事物的因果关系。在她的著作《心态制胜》（*Mindset: The New Psychology of Success*）中，她解释了学习新事物的重要一步是你知道能改变。相信改变才能发生改变。

根据德韦克的观点，许多人认为成功的学习完全基于先天的能力。她将具有这种能力的人描述为具有限制型智力理念或"固定型思维"的人。另一些人认为成功的学习是基于努力、训练和毅力，据说这类人有一个扩展型智力理论，或者说"成长型思维"。

"固定型思维"的人认为他们的能力是种一成不变的特质。他们害怕失败，因为他们认为失败暴露了他们天生能力不足。因此，他们对接受新的挑战并不感兴趣，因为他们害怕失败，害怕被人看到或被认为是愚蠢的。

"成长型思维"的人明白自己的能力是种需要培养的技能。他们不害怕失败，因为他们知道失败是学习的过程，需要付出努力。因此，这些人天生就比较渴望通过接受新的挑战提高自己的能力。德韦克的研究表明，随着时间的推移，拥有成长型思维的人，无论做什么事都更有可能取得成功。

这种思维不仅适用于学习数学或地理，也适用于我们关心他人的能力。德韦克和同事们的一系列研究发现，与拥有固定型思维的人（"我就是我"的多数人）相比，拥有成长型思维的人（"我认为我可以"的少数人）确实会在同理心上付出更多。成长型思维者在同理心方面更努力，因为他们对规范自身行为更感兴趣。

一个人的心态极大地影响着他们的努力程度。如果你相信你能改变，那么你就有动力做出改变。

《选择共情》（*War for Kindness*）的作者扎基，《心态》（*Mindset*）的作者德韦克，以及斯坦福大学的卡琳娜·舒曼（Karina Schumann）博士——一个全明星团队，有点同理心复仇者联盟❶的意思——致力于研究在难以维持和聚集的情况下，心态是否会影响同理心。外

---

❶ 复仇者联盟是美国漫威漫画旗下的团队，被称为"地球上超级英雄组合"。

面的世界有很多苦难。当人们看到如此多的需求，然后退缩时，会感到心痛：太痛苦了，简直无法直视。

在一系列的七项研究中，研究人员测量了受试者在执行高要求任务时——倾听人们的悲伤故事，面对面地帮助癌症患者，与持不同政治观点的人交流——的同理心水平。研究小组发现，那些拥有成长型思维的人认为同理心是一种需要培养的技能，他们即使在情况艰难的情况下，也能做出更大的努力不断尝试与那些需要帮助的人建立联系。具有固定型思维的受试者认为同理心是一种遗传特质，于是他们倾向于更快地放弃。更重要的是，当研究人员给受试者灌输成长型思维模式，并让他们相信改善是可能的之后，他们会更加努力，倾听得更专注，最终做得更多，关心得更多。这也是我们希望通过这本书实现的目标。正如德韦克所说："成为优于存在。"

需要多长时间？

关注他人不是"一劳永逸"的处方。这就好比，吃一次西蓝花，就认为它会给你带来健康。作为医生，我们可以向你保证，西蓝花或利他主义都不起绝对的作用。要改变你的大脑，培养一种给予的心态，你必须真正地沉浸其中。

加利福尼亚大学河滨分校的索尼娅·柳博米尔斯基（Sonja Lyubomirsky）博士及其同事的一项研究将 280 名受试者随机分为三组：①阅读那些说做善事有利于自己幸福的新闻文章的人；

②阅读那些说做善事有利于他人幸福的文章的人；③阅读中立文章的人（对照组）。然后，要求所有参与者去做善事，并跟踪记录。一周后，将他们的愉悦感、幸福感和与他人产生联系的水平与研究前进行比较。读过那些说善良对自己有好处文章的参与者在每项指标，如积极情绪、生活满意度上都显示出最大的增长。毫无疑问，从他们的善意中受益过的人也有同样的增长。这项研究是关于框架概念的。在正确概念指导下，如果你相信会从服务他人中受益，那么你就会。

如果一周太长，那六个小时怎么样？

德国马克斯·普朗克人类认知和脑科学研究所的塔尼亚·辛格（Tania Singer）教授及其同事做了两项研究。研究人员使用功能性核磁共振成像扫描受试者大脑，测量他们在参加六个小时同情心训练课程前后观看处于困境人群的视频时的神经反应。在同情心训练前，在观看令人沮丧的图像时受试者大脑中与负面情绪（感觉不好）相关的区域被激活。**在训练之后，参与者大脑中与积极情绪（感觉良好）相关的区域被激活。**结论：培养同情心不仅是可能的，还能增强一个人的适应力，使人更能忍受目睹艰难的事。同情是一种处理痛苦情绪的策略。如果帮助生病或迷路的陌生人，照顾需要帮助的朋友，真的让你感觉很好（或至少减轻了你自己的痛苦），你就更有可能去这样做。

只有六个小时，但可以在一定程度上改变你。六个小时足以让你更像一个奉献主义者，起码有一点像。

您想坐下吗？

大卫·德斯诺（David Desteno）博士是波士顿东北大学的心理学教授，也是《情感制胜》（*Emotional Success: The Power of Gratitude, Compassion and Pride*）一书的作者。他和他的团队试图查明增强同情心是否会让人们更愿意为那些明显处于痛苦中的人让座。他们要求参与者进行为期三周的正念冥想或认知技能训练课程（对照组）。

接着让参与者到实验室测试认知能力。等候室里有三把椅子，其中两把椅子上坐着研究小组雇来的演员。参与者坐在最后一张空着的椅子上，等着被叫去测试。参与者并不知道其实测试已经开始了。

等候室的门打开了，一个女人挂着拐杖、穿着一只大步行靴，蹒跚地走了进来，她是另一个演员。她夸张了身体不适的症状，为的是显示她确实处于痛苦中。

正如德斯诺和他的团队所预测的那样，正念冥想训练显然增加了参与者的同情心反射，他们比对照组的人让座的频率更高。研究人员还发现，经过三周的正念训练，参与者的同理心准确性——正确解读他人的情感体验——并没有改变。如果相反，也许他们会识破那个挂着拐杖的女人是在假装很痛苦。

我们库珀医院的同事布莱恩·罗伯茨（Brian Roberts）博士、桑迪普·帕特尔（Sundip Patel）博士及其团队在

《公共科学图书馆：综合》（*PLOS ONE*）杂志上发表了一篇关于同情心训练对医生有效性的系统综述（斯蒂芬是该论文的合著者）。在他们纳入评估的 52 项研究中，75% 的研究发现，同情心训练提高了医生的同理心和同情心。研究的一些行为是医生在与患者交谈时是坐着的而不是站着；根据患者的非语言情感线索进行分析及眼神交流；通过说"我在听"和"我在你身边"来确认、认可和支持患者。当医生被培养得富有同情心时，行为就会有所改变。他们的患者描述说，感觉自己被看到、被听到、被照顾得很好。

这就是我们的目标。给予别人更多关心，每个人都会感觉更好。

如果你曾经在火车上或候车室里让座，你有什么感觉？你是否受到了"温情效应"的影响，因此你根本坐不住？如果你没有站起来，你是否不得不转移视线，在自己的自私中羞愧难耐？那个孕妇盯着你看了吗？你会有什么感觉？感觉自己被抽空了能量？还是只是感觉糟糕？也许下次你有机会表现出同情心时，你会抓住它。

你不需要下载冥想软件（除非你想）

> "能定义你的不是你的身份，而是你的行动。"
>
> **——瑞秋·道斯（《蝙蝠侠：侠影之谜》里的角色）**

感受到更多的同情心、同理心和对他人的关注是好事一桩。致力于正念冥想是好主意。你大脑的某些区域会产生积极的影响。

但随着时间的推移，真正改变你本质的是行动。

在本书的第三部分中，我们将深入探讨为他人（也是为自己）服务的具体行动。现在，要知道，微小的行动加起来会对你的自我意识、你与世界的互动方式以及世界和每个人如何看待你带来巨大的变化。

通过专注你的行为，能有我们中国的僧侣朋友 0.001% 的同情心，你就可以改变"某人"的生活。这里的"某人"指的是你自己。你自己的生活变得更好、更长久、更快乐、更健康。

自我标榜"自私的人"的人请注意：忘掉以这种方式定义自己。人的标签是可以撕掉的。通过亲社会的行为，你就可以从对自我的特定思考中解脱出来。经常慷慨地给予会导致认知失调。如果你在付出，那你怎么可能是一个自私的人？你的大脑会自我调整，通过确立一个新的身份，即你是一个为他人服务的人，来消除这种认知失调。

认为自己是奉献主义者更重要？还是表现得像奉献主义者更重要？

这都无关宏旨。辅车相依，唇亡齿寒。利他主义源于意识，源于对周围世界的关注，以及对你所看到的做出反应。冥想和同情心训练为你打开了一扇门，让你的头脑更加清醒。但是真正改变你自己、你的世界甚至这个星球的是给予行为。

我们不是在告诉你该怎么感受，我们要告诉你的是，行为的改变会导致态度的改变。如果你对一个人友善，你也会变得友善，并且会珍惜他们。即使你不相信我们，也可以相信亚里士多德的话。他曾经说："美德是通过人的行为形成的。"作家 C.S. 刘易斯（C.S. Lewis）深知打开隐藏之门后的力量，可以发现不可思议的新世界，他曾经说："当你表现得好像爱一个人时，你很快就会爱上他。"

一个机会接一个机会，给予就会生根发芽。一点一点地，给予行为每一次在重复累积，直到改变你。通过重复"奉献主义者"的思想和行为，你会变得更加高尚。你大脑中为他人服务的神经突触通路会变得更强、更深。随着你的自私行为的越来越少，这类突触通路最终就会萎缩和死亡。

正常来说，每当你不帮助朋友，在紧急情况下不叫救护车，不指路，不给慈善机构捐款时，你就在加强你大脑里无视和疏远同伴的突触通路。

在我们的文化中，"同理心赤字"似乎越来越严重。但是，如果我们每个人都能朝给予的方向迈出一小步，我们的思想和行动就会使整个世界受益。作为父母和监护人，如果我们可以以身作则教育下一代，也许他们就不会成为疲倦不堪的利己主义者。

我们每一个人都有能力终结这个竞争激烈的时代。在帮助人类的同时，我们也可以帮助自己。记住这个原理：如果你相信服务他人对你自己的幸福有益，它就会有益。

在接下来的章节中，我们将向你展示服务他人对身体、精神、情感和职业的确切好处。因此，请继续阅读本书。

幸福处方

让人生变好的7个科学方法

第二部分
疗法：服务他人

Happiness

> 21世纪最激动人心的突破只有可能源于对"生而为人"更开阔的理解，而不可能源于技术。
>
> ——约翰·奈斯比特

Happiness

第五章
服务他人时你的大脑和身体

到目前为止，就服务他人所产生的治愈力量，我们已经提出了很多主张，接下来我们还将继续列举。这些主张不是观点，而是有科学依据的结论。要想对关心、联系和帮助他人如何让你更健康、更快乐的生物学原理有一个全面的认知，你必须了解大脑和身体的基础机制。

人的身体是一台机器，大脑就是操纵它的智能计算机。给予的行为和态度是超级精炼的无铅燃料，能让你的身体和大脑在最佳状态下运转。当你"运行利他主义"时，你会获得许多与锻炼身体、合理饮食和良好睡眠同样的生物效益。科学研究表明，志愿服务、关注他人是有益身心的。

利他主义不会让你的体重在 20 天内减掉 20 磅。

利他主义会让你产生协调的激素和神经递质，从而让你感觉良好，并有助于减少职业倦怠、焦虑和抑郁，这些心理困扰会剥夺你的快乐并降低生活满意度。

关注他人会减轻慢性应激和系统性炎症，而慢性应激和系统性炎症都是心脏病和癌症等疾病的致病因素。

服用"奉献主义"处方药后，你的大脑和身体可以逐渐达到最佳状态，让你免遭神经心理损伤和生理损伤。大量的研究表明，每天随手做一些好事，不仅可以减轻压力、缓解焦虑和抑郁情绪，还可以让你和你帮助的人变得更加平和、更加健康、更加快乐。关注他人可以有效地提高你的生理机能。

这不是魔法，尽管有时看起来像魔法。这副百试百灵的处方药并不以药片的形式呈现。只需要服务他人、关注他人的需求，你就可以保护自己、提高免疫力、活得更开心，甚至更长寿。

这是你大脑的同理心和同情心

提示："同情心"是一种情绪反应，是对他人痛苦的觉察，让人产生提供真诚帮助的愿望。与同理心这个术语略有不同，这两个术语虽密切相关却截然不同。同理心与感知、察觉、感受和理解有关，但同情心要优于同理心，因为同情心驱使人们尽自己所能采取行动减轻他人的痛苦。

能够设身处地为他人着想（同理心）这一技能是需要心理学基础的。我们在第四章提到过，遭受过苦难的人更有可能同情身处困顿的人。但感受他人的痛苦也是需要生理基础的。我们的大脑能真切地感受到彼此的痛苦。

著名神经科学家克劳斯·拉姆（Claus Lamm）博士、琼·迪克蒂（Jean Decety）博士和塔尼亚·辛格（Tania Singer）博士发现，不同的神经（大脑）结构让我们能够分担他人的痛苦。他们对几十个脑部的功能性核磁共振扫描结果进行了荟萃分析，最后发现：人们目睹他人的痛苦与自己经历痛苦时，激活的神经结构相同。也就是说，移情性痛苦对大脑的刺激方式和体验性疼痛一样。当观看"疼痛状态"的身体部位图片时，相关区域的大脑活动甚至比观察者自己遭受疼痛时更剧烈。

同理心伤人，同情心却可以治愈人。

在德国的一项研究中，第一步：研究人员给参与者播放了一些视频，展示痛苦的人，同时使用功能性核磁共振扫描仪来记录他们大脑疼痛中心的移情激活情况。第二步：一半的参与者上了一个关于同情心和减轻他人痛苦的冥想课程；另一半参与者（对照组）接受了记忆训练。第三步：所有参与者再次观看了一些令人痛苦的视频。在纯粹的情感层面上，经过同情心训练的参与者对这些视频有不同的反应。由于他们专注于同情他人，他们告诉研究人员，目睹苦难情景不再像从前那样痛苦了。在神经层面上，大脑活动有明显的不同。功能性核磁共振扫描仪的结果显示，大脑区域的活动并没有激活大脑的疼痛中心，而是激活了与积极情绪、正向情感（感觉良好）和从属关系（归属感）相关的大脑"奖励"中心。德国的另一项研究也有类似的结果。在参与者接受训练、专注采取同情心行动之后，再目睹苦难情景时，他们脑部的奖励中心会被激活。目睹他人的苦难情景让人感觉很不自在，但根据经验，帮助他人让人愉悦。

专注于给予、关心和联系重塑了我们的大脑，当我们目睹别人遭受苦难时，我们会把它当作一个机会，一个帮助他人的契机，帮助他人让我们愉悦。这样一来，我们虽目睹痛苦却不受痛苦折磨。如果你曾想过儿科肿瘤的护士如何进行护理工作，那么现在你就知道了。他们对移情性痛苦的耐受力很强，因为他们的同情心具有无穷的力量，即使在预后不乐观的情况下，他们也在努力改变患者的生活。神经科学表明，这种能力在情感上保护和治愈了他们，因为这可能是地球上最艰难的工作之一。他们不一定生来就比别人更具同情心。但通过频繁练习，他们已经把这种能力变成了超能力。

再解释得清楚一点：如果你富有同情心，你的大脑的承受力就会更强。你的大脑可以屏蔽目睹痛苦时的移情性痛苦，这样一来，你就可以给需要帮助的人提供实质性帮助。

相反，目睹他人的快乐也会让人愉悦。斯坦福大学的研究人员对二十五项功能磁共振成像结果研究进行了荟萃分析，旨在确定"替代性奖励"是否能激活大脑的快乐区域。他们发现了一种吻合的神经重叠模式：观看他人取得积极结果时大脑中被激活的部分，与人们体验自己获得胜利时大脑中被激活的部分相同。当我们的社会关系良好时——我们不会陷入嫉妒和竞争的自利主义陷阱——我们都有理由高兴以及进行庆祝。因此，严格的神经科学研究表明，以一种能给别人带来快乐的方式给予是一件互惠互利的事。

好啦，好啦

你心烦意乱的时候，有人会拍着你的肩膀说："好啦，好啦，会没事的！"每当这时，你真的能感觉好点吗？

这种减轻疼痛的效果完全在你的头部——确切地说，在你的大脑中。社交接触、轻拍、牵手、拥抱，都有止痛的作用。最棒的一点是，"好啦，好啦"这种温暖、友善的慰藉实际上是双向的。这种慰藉在双方之间流动，无知无觉、自然而然。

以色列的一项研究将这种现象描述为"大脑间的神经耦合"。研究人员给情侣分配了两个角色，一个是疼痛的"目标"，另一个是疼痛的"观察者"，同时用脑电图记录下他们的大脑活动。实验人员按照这种伪虐待狂研究惯例，给实验对象施加了疼痛。一切都是为了科学！（谁会报名参加这些研究？在我们看来，报名的人是特殊的利他主义者。）

研究人员记录了4种情况下情侣的脑电波：①无接触、无疼痛；②无接触、有疼痛；③有接触、无疼痛；④有接触、有疼痛。在前三种情况下，他们的大脑表现出的耦合或大脑连接最小。但在最后一种情况下——接触加疼痛，他们的大脑在22个不同的地方相耦合。研究人员得出结论，当一方牵着另一方的手时，双方的镇痛效果都会增强，观察者的同理心准确性也会提高。他们知道伴侣的感受，因为他们自己的大脑也有同样的体验。

显然，人类有点像瓦肯人❶，就像《星际迷航》(*Star Trek*) 里的斯波克 (Spock)。在一定程度上，我们心灵可以融合，理解别人正在经历的事情，通过接触值得信任的人，消除彼此的痛苦。

触摸让我们产生共鸣。触摸还能使我们的整个神经系统平静下来，甚至可以保护我们远离疾病。卡耐基梅隆大学的研究人员研究了拥抱、压力和感染之间的关系。研究人员给 400 名健康成年人注射了一种普通感冒病毒，并进行了为期两周的观察。在此期间，研究人员每晚都对他们进行采访，询问他们"感知社会支持"的能力，并记录他们每天拥抱的次数。

参与者与他人的联系越紧密，对感冒的抵抗力就越强。

拥抱次数最多的参与者对普通感冒病毒的抵抗力最强。事实上，研究人员发现，32% 的参与者将感染的保护作用直接归因于拥抱。在那些生病的人中，给予拥抱有助于更快地康复。

---

❶ 瓦肯人是科幻电影《星际迷航》中的外星人。以信仰严谨的逻辑推理、去除感情的干扰而闻名。

神奇四侠 [1]

人体内分泌系统会产生和释放几十种不同的激素。这些激素构成了人体的"邮政系统"。它们通过血液传递信息，引发特定的反应。例如，大脑中松果体释放的褪黑素会发出这样的信息："已经在脸书 [2] 上刷了很久了！去睡觉吧。"由胰腺释放的胰岛素帮助我们分解冰激凌并将其转化为能量。

四种特殊的神经激素——内啡肽、多巴胺、催产素和血清素——可以单独或共同起作用，本质上是把爱和幸福的信息塞满你身体或大脑的邮箱，可以把每一天都变成情人节。促进"神奇四侠"激素分泌的活动能振奋精神、提升幸福感。本书第三部分中的奉献主义处方提高了这四种激素的释放量。

内啡肽，助人的快感激素

它们能做什么？ 增加体能、保持冷静、增强力量、减少压力、增加自我价值、消除疼痛和不适（通常被称为身体天然的阿片样物质）、带来"跑步者高潮（runner's high）"和"温情效应"。

它们什么时候分泌？ 一些有利于内啡肽的活动包括锻炼、大笑、按摩、吃巧克力和冥想等。

---

[1] 神奇四侠是漫威漫画公司打造的第一支超级英雄团队角色，由四名具有超能力的超级英雄组成。

[2] 现改名为元宇宙。——编者注

你怎么知道它们在起作用？ 在一次健康的长跑中，你知道"我可以一直跑下去！"的那种感觉吗？这就是内啡肽在起作用。

与奉献主义的联系： 1988 年，时任纽约市健康促进研究所常务董事艾伦·卢克斯（Allan Luks）在《今日心理学》（*Psychology Today*）的一篇文章中首创了"助人快感"一词。卢克斯讲述了对 1700 多名女性受访者的两项研究，她们描述了志愿活动的"激励作用"，听起来很像剧烈运动的激活效应。研究对象对"帮助别人的感觉如何？"最常见的回答是"兴奋""更强壮 / 更有活力""温暖""更平静 / 缓解抑郁"和"更具自我价值"。卢克斯指出，帮助他人，以及随之产生的内啡肽，是精神疲惫和身体压力的解药。内啡肽以及催产素和血清（稍后会有更多关于它们的内容）可以阻止压力激素皮质醇的作用。当内啡肽上升时，皮质醇就会下降，就像激素跷跷板一样。据研究对象所说，助人的快感比跑步的快感持续的时间更长。当跑步结束后，内啡肽很快就会停止流动。但在卢克斯的文章中，每次女性在回忆起帮助他人时，都能感到愉悦。

作为医生，我们建议，为了整体健康，每周至少锻炼三次。但要想产生内啡肽，你根本不需要出汗。你可以从帮助他人中获得，因此帮助别人也是帮助自己。

多巴胺，让人愉悦的激素

它能做什么？ 当你完成一项任务或目标时，身体产生一种"奖励"的感觉；这种感觉可以提升情绪、增强动力、提高注意力；调节情绪反应；创造奖励寻求反馈回路——一遍又一遍地追求同样的快感。

它何时分泌？ 当我们吃到渴望的食物或冒险时，大脑都会释放多巴胺。有些人把多巴胺称为"大脑可卡因"。警告：多巴胺会导致人上瘾。如果你渴望从网络游戏或朋友圈的点赞上获取多巴胺，那你可能存在问题。（作为医生，我们建议你放下手机！）

你怎么知道它在起作用？ 当你吃了一大口巧克力蛋糕后，大脑发出了对美味的肯定。这是多巴胺撞击你的大脑奖励中心所产生的愉悦感和极度的兴奋感。

与奉献主义的联系：多巴胺将做好事和感觉良好连接起来。根据以色列的一项研究，我们的大脑中有硬接线，同时也有一套内置的奖励系统，促使我们采取利他行动，无论他们与我们是否有血缘关系。我们做出这些昂贵的给予牺牲是出于进化的需要；只有强大的社会才能延续，当我们互相帮助时，我们会更强大。付出会得到回报；给予能确保物种的生存。作者写道，为了推进情节发展，当我们做好事时，我们的身体会分泌大量的多巴胺，就像"进化磨坊里的谷物"。分泌多巴胺时的感觉是习惯和成瘾的基础之一，无论你是迷上了一类物质、一种感觉，还是一种行为。奉献主义促进身体分泌的多巴胺让你感觉良好，随着时间的推移，你的大脑会迷恋上为他人服务。

催产素，一种亲密激素

它能做什么？ 它可以让人产生爱、信任、友谊以及强烈的安全感和归属感。有助于人们减轻压力、减少恐惧、恢复平静、降低血压、减轻疼痛、增进联系、增加体能、增强自信。减少与心脏病和癌症有关的循环氧自由基，并可以帮助消除整个心血管系统的慢性炎症，因此从源头上减缓衰老。

它何时分泌? 催产素的触发因素是亲密接触，比如分娩中的母亲、正在哺乳婴儿的母亲、正在亲昵的恋人、聚会中的好友。同时，当你付出时间、精力时也会释放催产素。甚至目睹慷慨的行为也会增加催产素的分泌。

你怎么知道它在起作用? 如果你感到爱与被爱，平静与亲密，那么你就正在享受催产素的拥抱。但催产素既不会转瞬即逝，也不会说来就来。它会随着时间的推移和关系的加深而逐渐增多。

与奉献主义的联系：密歇根大学的斯蒂芬妮·布朗（Stephanie Brown）博士及其同事在一篇综述中发现，婴儿与照料者之间关系的神经生物学原理和利他主义是相似的，都是一个人为了另一个人的幸福而压抑自己的需求。对一个人来说，重要的是感知到他人的需要，被他人真诚的关怀所激励，并提供他人所需的关怀。任何符合这些标准的情况都会刺激人体分泌更多的催产素。一旦"关怀动机"机制运行良好，催产素就会继续分泌。不断地给予是爱的礼物。

提供给他人的帮助越多，催产素就分泌得越多，双方建立关系成为必然，更多的帮助随着关系的深入产生，这是一个美妙的"良性循环"。伊丽莎白·伯恩斯坦（Elizabeth Bernstein）在《华尔街日报》的文章（*Wall Street Journal*）《为什么善良也能帮助你——特别是现在》（*Why Being Kind Helps You, Too—Especially Now*）中写道："当我们看到接受过我们善意的人的反应——当对方感谢我们或回以微笑时——我们的大脑会释放催产素，这是一种使人愉悦的亲密激素。催产素的增长会让快乐更持久。催产素令人愉悦，因此大脑渴望分泌更多催产素。"对这种催产素上瘾是无害的，甚至是健康的。催产素能增强心脏机能，提高免疫力，并能让人感到温馨。

血清素，骄傲激素

它能做什么？它可以促进伤口愈合，帮助你放松和专注，减轻焦虑，稳定情绪，给你幸福、快乐和自信的感觉。

它何时分泌？当你觉得自己很重要或为你帮助过的人感到骄傲时，它就会出现：你的老板在别人面前称赞你；你做了一个明智的决定，为自己省了一笔钱或造福了你的家庭；看你的孩子在学校演出或获奖；你的得意门生或学员达到了他们的目标。英裔美国作家西蒙·斯涅克（Simon Sinek）在他的书《团队领导最后吃饭》（*Leaders Eat Last: Why Some Teams Pull Together and Others Don't*）中将血清素称为"领导力化学品"。

你怎么知道它在起作用？当你看到你的投资在你非常关心的人身上实现时，一种自豪感会油然而生。血清素的激增让人愉悦，并能加强关系。

与奉献主义的联系：斯坦福大学医学院的研究人员旨在解释

为什么各种物种（不仅仅是人类）提倡"群体生存"，即使这对群体中的个体来说有可能代价高昂。因此他们研究了小鼠的社会行为。简单地说，他们建造了一个小鼠屋，有两个房间，中间有一扇门。第一天，小鼠们在一个房间里一起玩耍。第二天，小鼠被各自放在另一个房间里。第三天，研究人员打开门，让小鼠们在这里自由活动。小鼠们选择待在它们一起待过的房间里，而不是那个单独的房间。研究人员还研究了它们的小脑，发现社交关系能促进释放催产素，而催产素又会引发链式反应，从而促进释放血清素。这两种激素似乎在大脑的奖励中心——伏隔核中以复杂的相互作用联系在一起。由于老鼠从相互联系中获得了双重的快乐，它们——也许还有我们人类——更有可能"相互照顾和交朋友"，并确保物种的生存。我们的大脑会通过愉悦的感觉来强化强大的社会联系，这是"神奇四侠"激素的作用。

致命双侠

根据我们在职业生涯中的观察以及我们行业中的主流观点，有两个因素可能会缩短你的生命，即慢性应激（压力）和系统性慢性炎症，但这两个因素的出现都是可以预防的。为他人服务可以降低这两件事的出现概率，对你和接受你帮助的人来说都是如此。

压力

压力是什么？ 压力可以是一个包罗万象的术语，指的是任何让人心烦意乱的事情，比如交通拥堵让我压力山大。当你对生活的考验感到不知所措、心烦意乱、担心或愤怒时，精神压力就会出现。兼顾工作、家族、家庭和健康，以及由此产生的挫败感和窒息感，是自我关怀减压行业的主要驱动力。

身体压力是我们身体对威胁的自然反应。当我们的身体感知到危险时，我们的肾上腺会释放皮质醇，我们的交感神经系统，也就是"战斗、逃跑或僵住"模式被激活。想象一下，在记录大自然的视频中，当远处传来狮子在灌木丛中沙沙作响的声音时，羚羊的头突然冒了出来（僵住），然后拼命地逃跑。当我们长期处于压力之下时，我们就像羚羊一样，一直伸着脖子，时刻保持高度警惕，随时准备逃跑。那样可不太妙。

它是如何杀死你的？ 长期皮质醇过高会降低免疫力，升高血压，增加患糖尿病和心脏病的风险。高度的精神压力与抑郁、疲倦和吸烟和滥用药物等不健康的习惯有关，久而久之，会导致严重的健康问题。

奉献主义的解决方法：把"神奇四侠"激素想象成一种抗皮质醇的药物，而为他人服务会释放"神奇四侠"激素。汉斯·塞尔耶（Hans Selye）是压力研究的鼻祖，他在几十年前就提出了这样一种观点：帮助他人可以缓解压力。另外，一连串的研究证实了利他主义的压力缓解作用：

- 马萨诸塞大学对 340 名中老年人进行分析，测试了为他人提供志愿服务是否降低了其唾液中的皮质醇含量。的确，在受试者自愿花时间为他人服务的日子里，他们的皮质醇水平比没有做志愿服务的时候要低。研究人员对此印象深刻，他们建议将志愿服务作为一种疗法，帮助生活在压力中的人。

- 匹兹堡大学的一项研究旨在确定给予或接受他人的支持是否会让人们不那么容易受到精神压力的影响。为了判断这一点，他们使用功能核磁共振成像技术来观察参与者在完成压力任务（例如，困难的数学问题）时的大脑，他们会因为结果不准确而接受惩罚，这种威胁笼罩着他们。同时，研究人员评估受试者给予或得到了多少支持。在给予支持的人中，他们过度紧张的大脑活动下降了，甚至比接受支持的人下降得更多。缅因大学的一项研究也发现了类似的结果。

- 最后，来自迈阿密大学和杜克大学的研究人员在美国国立卫生研究院的支持下进行了一项这批研究中最可爱的研究，研究人员测试了一个设想，即给予比接受更减压。老年参与者接受瑞典式按摩，每周三次，持续三周。在接下来的三周内，这群老年人也接受了为婴儿（一个月到三个月大）进行治疗性按摩的培训，每周三次。哪种实践使他们的唾液皮质醇水平更低，焦虑和抑郁感更少？是给人按摩，而不是接受按摩。所有新手父母都应该读读这项研究。这种为婴儿按摩的最佳方法，也有利于他们父母的健康。

神经紧绷的一些人！

"让我心烦"或"我快崩溃了"这两个短语经常被用来形容人压力大，已经到了山穷水尽的地步，但从未有人对神经这个词进行详细说明。人体内有一种神经，当受到刺激和调节时，可以减轻压力，产生积极的感觉，就像打开电灯开关一样，这就是惊人的迷走神经。

迷走神经 Vagus nerve 中的 Vagus，在拉丁语中是"游荡"的意思，而这正是这条神经——人体最长的神经所做的事情。它从颈部的脊髓顶端开始，在肠子里结束，并沿途绕过心脏、肺和肝脏。契尔·克特纳（Dacher Keltner）博士是加利福尼亚州伯克利大学社会互动实验室主任，同时也是《幸福科学》（*The Science of Happiness*）播音员，他在《科学美国人》（*Scientific American*）颂扬了迷走神经的优点，他说："当它活跃时——例如，当我们被某人的善意所感动，或者被电影中的情感场景或一首优美的音乐所打动时——很可能会在胸腔内产生那种温暖扩张的感觉。"它的激活还能停用交感神经系统（战斗 - 逃跑 - 僵住），开启副交感神经系统（休息 - 消化），降低心率，增加催产素分泌，并降低皮质醇。它被称为"同情神经"是有充分理由的。健全的迷走神经与照顾、合作、同情心有关，正如克特纳所说，"促进利他主义的情绪——同情、感激、爱和幸福"。

北卡罗来纳大学教授弗雷德里克森博士将良好的迷走神经描述为积极情绪的"上升螺旋"。她的研究发现，迷走神经张力与心理健康有直接的因果关系。她写到，迷走神经张力的增强会增强联系感，"有助于利用社交和情感机会以及由此带来的机会主义收益"。

那么如何激活和调节迷走神经呢？这易如反掌：做一个奉献主义者即可。根据多伦多大学的一系列研究表明，同情心屡试不爽。参与者目睹他人受苦时，研究人员测量他们的心率、呼吸频率和迷走神经活动情况。当他们用善意的话回应这些图像时，他们的迷走神经活动增加，心率和呼吸减慢。

研究支持这样一种观点，即任何微小的亲社会、利他行为都可以增强你的迷走神经。一旦你开启了提升他人幸福的上升螺旋，你就再也不想下降了。

系统性慢性炎症

它是什么？ 当你在切菜时不小心割伤了手指，伤口周围的皮肤会变得红肿，这是因为血液会为了愈合和保护伤口，从而涌向伤口。炎症本身就是身体对损伤或感染的正常防御反应。系统性炎症是这种反应的放大版本。你的免疫系统认为你的整个身体正在遭受攻击，并利用白细胞（免疫步兵）来抵御真实或虚假的威胁。这就像你的整个内脏都经历了身体的"红肿"反应。

它是如何伤害你的？ 系统性慢性炎症与心脏病、中风、糖尿病甚至癌症有关。

奉献主义的解决方法： 帮助他人有消炎作用。弗雷德里克森博士将"意义幸福感"（在生活中拥有更高的目标）与"享乐幸福感"（只为自己寻求快乐）进行了比较，看到底哪种"幸福感"能减轻系统性炎症。研究发现，意义幸福感会减少"促炎基因表达"。通过帮助他人和给予支持来找到目标会温暖人心——并且随着时间的推移减少体内潜在的有害炎症。

在另一项研究中，23 名研究人员测试了善举是否能减少系统性炎症。159 名成年人被随机分组，并要求在一个月的时间里以这三种方式之一做好事：对特定的人、对整个世界和对自己。（对照组做的是中性任务。）**唯一显示出炎症指标减少的是那些在生活中对特定的人表示关心和表现出友好的人。他们通过善举加强了自己的社会联系，从而平息了自身的炎症环境，如果坚持一段时间，可能会降低他们出现健康问题的风险。**

儿童时期的心理创伤与血液中持续到成年的炎症指标升高有关。但同情心训练可以降低那些早年经历过逆境的人的炎症指标，以及随之而来的身体和情感问题出现的风险。埃默里大学的研究人员对佐治亚州寄养系统中 71 名不良经历次数较多的青少年进行了研究，对其中一半青少年进行了为期六周的同情训练，而对另一半青少年则派给了中性任务。他们的唾液在实验前后都被收集起来。参与同情心训练并付诸行动的受试者，炎症指标有所减少。所以，即使遭受苦难，你有充分的理由憎恨这个世界，你也可以通过把注意力转移到他人的幸福上，改变你的观点，甚至改变你的内在。**研究表明，这些孩子当即开始练习同情和关心他人，在以后的生活中就不太可能出现对健康不利的影响。**

特蕾莎修女[1]效应

据传说，早在 20 世纪 80 年代，哈佛大学的研究员大卫·麦克利兰（David McClelland）帮助一位老妇人过马路，正是这一小小善举带来的积极情感给了他启发，让他研究做好事对免疫系统的影响，而这是他的专业领域。

他的专长是研究唾液免疫球蛋白 A（IgA），这种抗体不像"神奇四侠"激素那么耀眼，但作为抵御环境毒素和感染的防御者，在人体中起着至关重要的作用。如果没有保护性抗体的强烈反应，你就更容易受到周围漂浮的病毒或细菌的影响。

麦克利兰召集了 132 名哈佛大学的本科生，并将他们随机分为两组。一半人观看《轴心国联盟的力量》(The Power of the Axis Alliance)，这是一部讲述第二次世界大战期间希特勒相关事件的电影。另一半人观看了一部关于特蕾莎修女在印度加尔各答照顾穷人和患者的电影。

---

[1] 著名的天主教慈善工作者。——编者注

在电影放映前后，麦克利兰通过采集参与者唾液的棉签来测量他们的唾液 IgA 水平。

关于希特勒的电影激发了观众对权力的思考，并降低了他们的唾液 IgA 浓度。想到希特勒真的会让你浑身不适。"权力动机"对你或其他人没有任何帮助。

观看特蕾莎修女组的唾液 IgA 水平明显提高。仅仅是观看她的利他行为并受其启发，就从生理上改变了观众，而这些变化如果长期持续下去，可以增强他们的抵抗力。麦克利兰认为"亲和动机"（即人类对归属感的渴望）具有最大好处。他写道："当受试者继续沉浸在影片里和谐的人际关系中，一个小时后，（激素）得以持续增加。你越是关心并有动力去帮助别人，你可能就越健康。"

大脑和身体都是硬连线的机器，关心和联系比无视和疏离能让大脑运转得更好。

随着时间的推移，通过定期激活助人的快感，打开释放"神奇四侠"（内啡肽、多巴胺、催产素和血清素）的闸门，你会得到良好的共鸣、自信、兴奋、亲密和天然的快感。

通过触摸、拥抱和亲密接触，你们可以提高免疫力，减轻彼此的痛苦。

通过同情心练习，你可以保护自己免受慢性应激和系统性炎症的致命伤害。仅仅是看别人表现出同情心就能增强自己的免疫力。

当所有这些机制在你体内运作时，你对他人的关注也会让受助者感觉良好、更加健康。

既然我们已经理清了利他主义如何触发身体机制从而让健康车轮运转这一问题，让我们继续往下看，看看帮助他人到底是什么，它对身体、精神和情感究竟有什么好处，以及成为"奉献主义者"对健康、幸福和成功的结果有什么影响。

我们将在本书的这一部分讲到。在下一章中，我们将展示帮助他人让你更健康的证据。

要么相爱，要么死去。

————威斯坦·休·奥登

第六章
通过服务他人获得身体健康

关于健康结果的科学和长寿的科学，研究人员并不经常关注年轻人。你活到 30 岁了吗？很好，但没有科学家会出现在你家问你是如何活到 30 岁的。如果你活过了 100 岁，你家的门槛就会被踏破。

因此，当我们策划服务他人如何影响身体健康和长寿的研究时，大多都是针对老年人的。这合情合理。如果你是一名研究影响严重健康事件或死亡率活动的研究人员，你会希望研究经历过这两方面的人。

40 岁以上的读者：如果你对短期内不死亡、在黄金岁月里保持健康和头脑清醒感兴趣，你会被本章的内容深深吸引。

40 岁以下的读者：在本章中，你们的年龄组会引起一定程度的重视，但不是很多。然而，这里的数据仍然与你现在的生活息息相关。如果利他主义能让老年人更健康，那么想想如果你从年轻时就开始这样做，会有什么样的效果！不要等到你使用医疗保险的年纪才变得无私。利他主义有利于人的健康，是有科学依据的。例如，你不希望等到心脏病发作时才考虑心脏健康。早在你认真考虑自己的健康问题之前，就可以预防心脏病发作了。

把利他主义想象成你在社交媒体上看到的那些金融顾问的广告。如果你一开始就投资特斯拉汽车公司、亚马逊公司和谷歌公司，你的资产在今天将价值数十亿美元！利他主义是一种投资，可以逐年累积，在你真正需要的时候提供"健康财富"。

更长寿

目前，美国人的平均寿命是 77.8 岁。如果你的年龄超过了平均数，恭喜你！你战胜了厄运，正在享受你的健康财富。到目前为止，在你的一生中，你很可能有过一些"奉献主义"的实践。对于那些年龄小于 77.8 岁的人，我们有重要的医学建议：减少对自我的关注，花更多的时间、金钱和精力尽快为他人带来改变。科学证据表明，关注他人可以抵消你的压力。正如我们在前一章所讨论的，压力介导的疾病会导致早逝。利他主义降低死亡风险可能是通过缓冲压力介导的疾病的相关风险起作用的。布法罗大学的一项研究评估了 846 名参与者过去一年的压力事件，以及他们为朋友和家人提供了多少帮助，然后追踪他们是否在 5 年内死亡。**在此期间，那些没有给予他人很多帮助的高压参与者，根据他们的年龄，死亡率是可以预测的。但同样压力的参与者在帮助亲人的情况下，死亡率较低。压力相同，死亡更少。**

把你的注意力从自己的需求和问题上转移到他人身上，你可能会更长寿。

石溪大学复兴医学院的斯蒂芬妮·布朗博士对老年人中的利他主义进行了精彩的研究，包括对已婚老年人进行了为期五年的研究。经常为朋友、家人和邻居提供"工具性支持（帮助）"，并为配偶提供情感支持的参与者，与那些吝啬提供支持的同龄人相比，其死亡率明显降低。在对所有可能混淆分析的测量因素（比如性格、身体和心理健康状况以及婚姻关系变量）进行调整后，给予他人支持仍然与较低的死亡率相关。然而，作为所有这些爱和关注的接受者，无论他们多么心存感激，都未体现出其与长寿的相关性。

至于帮助你不一定认识的人，亚利桑那州立大学的一项元分析发现，在控制了健康状况等其他因素后，**55 岁及以上自愿为他人服务的行为，与其降低的 24% 的死亡风险有关**。同样，巴克老龄研究所对 1972 名加利福尼亚州的老年居民进行的一项研究发现，在控制了社会人口、身体健康和心理因素后，**"高度志愿"的人——把时间奉献给两个慈善组织——死亡率比非志愿人员低 44%**。

对许多特定疾病而言，给予行为也与较低的死亡率有关（参见下文关于心脏健康和认知功能的部分）。这是埃默里大学一项关于晚期肾病（即需要透析的肾衰竭患者）的研究。249 名透析患者接受了来自朋友、家人、伴侣、医生、护士和其他患者的社会支持。研究人员在一年后再次检查，发现幸存者的给予得分高于死亡患者。在控制其他因素的情况下，结果显示，给予分数最低的患者死亡风险最大。然而，接受社会支持并没有对生存或死亡产生任何影响。

大多数关于志愿服务和长寿的研究都集中在自我选择参与给予行为的受试者群体上。研究无法测量的混淆因素（扭曲或不准确）可能一直存在，因此无法作为参考（我们引用的几乎所有研究都用数学模型对这些因素进行了调整）。在这种情况下，志愿者比非志愿者吃的垃圾食品少吗？他们不愿意住在有毒废物倾倒场的附近吗？无论是不是志愿者本意，这些难以衡量的神秘因素都可能会扭转局势，影响他们的死亡风险。

为了解决这些问题，研究人员收集了约30万对同居夫妇的数据，原因是住在一起的已婚夫妇，生活方式这个因素对结果的影响应该是相似的。他们发现，自愿为他人服务的一方死亡风险确实较低。但是不自愿为他人服务的一方，虽与自愿为他人服务的一方同吃同住，和同样的朋友一起出去玩，却没有得到同样的长寿益处。这支持了一个观点，即长寿的决定因素不是住址、饮食或窗帘；这并没有什么内幕。而是一个人是否献出了一点点自己，最终，也许是无意中，得到了更多我们都想要的东西：时间。

端粒的真相

我们想告诉你的一个事实是：如果你的端粒状态不佳，你可能会衰老得更快。

端粒是什么？你的DNA是由染色体组成，比如决定生物性别的X和Y染色体。如果你把染色体想象成一根线，比如鞋带，端粒是末端的塑料尖端，可以保护两端，减少磨损。

端粒和衰老有什么关系？人们刚出生时，端粒又长又健康。但每当细胞分裂、自我复制时，细胞染色体上的端粒就会变短一点点。最终，端粒缩小为小块，无法再保护染色体的完整性，细胞也无法继续运转。细胞的生命是人类生命的一个缩影。

与奉献主义的联系：研究发现，成为一个有同情心、有爱心、有奉献精神的人与较慢的端粒损耗有关。北卡罗来纳大学的弗雷德里克森博士及其同事在 142 名中年人中进行了一项随机试验，让这些中老年人进行为期 6 周的冥想（专注于自我）、慈爱冥想（LKM）或什么都不做（对照组），研究人员在实验开始的前两周和实验结束的后三周评估了端粒长度。他们发现，在控制了人口统计学和端粒基线长度之后，端粒长度在对照组和专注于自我的冥想组中明显减少，但在 LKM 组中则反之。他们的结论是，专注于爱人可能会延缓端粒的损耗。重要的是，对端粒损耗的影响是在专注于其他的 LKM 活动仅 12 周后观察到的。马萨诸塞州总医院和哈佛医学院的研究人员做了一个类似的研究，结果也很相似。

看吧，没有什么能暂停时间或停止衰老。但是把我们的注意力集中在关爱他人上，可能会让这个过程慢一点。这难道不值得一试吗？

减轻痛苦

在写这本书的过程中，马兹经历了一生中身体上最大的痛苦之一。在这就不讲细节了，他有一个巨大的肾结石，只能通过一个特别敏感的身体部位插入一个支架，将肾结石用激光打成碎片，然后用一个小篮子将每一块碎片从原路取出，才能解决结石的问题。而这种手术的护理标准是，几天后在家里患者自己从那个敏感部位拔出支架！

是的！

在这种情况下，马兹通过给自己用了大量的"关注他人"的处方来忍受痛苦。在那周的某一天，在医院排队接种疫苗时，他开始感到一阵剧痛，疼痛程度达到了 8 分（10 分制）。他没有把注意力集中在痛苦上，而是四处张望，寻找需要帮助的人。在他旁边的队伍里有几个他认识的住院医生（正在接受培训的医生），他知道其中一个是他的学生。

他开始问学生们做得怎么样，他们所在的部门哪些地方做得对，哪些地方可以做得更好，他该怎样提供帮助，这是一种被称为"轮式"的领导实践。他拿出手机开始记笔记，充分了解学生的需求。他的痛苦并没有神奇般地消失，但他的谈话和提供的帮助使痛苦变得可以忍受。

关注他人作为控制和减轻痛苦的工具，唾手可得。特别是自愿帮助那些同样悲惨的人时。在英国一项针对患有严重骨关节炎或类风湿性关节炎的成年人的研究中，受试者自愿帮助其他关炎患者应对和控制疼痛。在六个月的随访中，志愿者报告说他们自己的关节炎疼痛减轻了。不仅如此，通过帮助指导和支持其他患者，他们对生活有了积极的新看法。

波士顿学院的研究人员研究了慢性疼痛患者转换新角色——其自愿为患有同样疾病的人提供同伴支持的效果。这些人的疼痛被评估了三次：当他们只是患者时、在提供同伴支持的培训期间以及在志愿帮助支持其他患者时。疼痛水平以及相关的抑郁和残疾在培训和志愿服务期间下降了。受试者在后续采访中提到了"建立联系"和"目标感"。更重要的是，接受同伴支持的人也报告称疼痛减轻了。给予者和接受者都受益了。这是双赢，不是零和游戏。

《美国国家科学院院刊》（*Proceedings of the National Academy of Sciences*）发表的一项非常有趣的研究有助于解释具有镇痛作用的利他行为背后的神经科学基础。研究人员使用功能磁共振成像仪器来扫描观察大脑的激活部位。研究对象自愿为他人服务或提供支持，然后接受痛苦的电击。给予行为后，大脑疼痛中枢对电击的反应减弱。利他行为越有意义，扫描结果显示的疼痛活动就越少。他们在癌症引起的慢性疼痛患者身上发现了同样的结果。秘诀是：如果你知道你将要承受一些身体上的痛苦，比如去训练营锻炼或搬家具，一定要在你去之前为别人提供有意义的服务。

拥有一颗健康的心脏

在美国，造成死亡的主要原因是心脏病，癌症紧随其后。如果你的心脏不好，你就有大麻烦了。

作为医生，我们看到过太多的心脏病变，患者向我们寻求建议。除了戒烟和充分锻炼，我们还推荐另一种经过科学验证的能增强心脏的方法：让心脏暖起来。为了预防心脏病、中风、心血管疾病和高血压，你可以做志愿者、提供社会支持或者只是抛开自我。

年轻人学习警惕！西奈山医学院和美国西北大学的研究人员发表在《美国医学会小儿科学期刊》（*JAMA Pediatrics*）上的一篇论文中，研究人员让 106 名没有慢性疾病的加拿大十年级高中生在一所小学做两个月的志愿者；对照组被放在候补名单上。值得注意的是，在干预后，与对照组相比，志愿者组心血管风险因素减少，如血液炎症指标、胆固醇和体重都降低了。据研究人员的说法："随着时间的推移，同理心和利他行为增加最多，消极情绪减少最多的青少年，患心血管疾病的风险下降最多。"看到了吗？通过服务他人来保护你的心脏永远都不嫌早。

在卡内基梅隆大学的一项纵向研究中，研究人员对 50 岁以上受试者的志愿活动和血压进行了基线测量。4 年后，他们再次检查了测量结果。在控制了年龄、种族、性别、基线血压和主要慢性疾病（在所有这些研究中都是如此）之后，研究人员发现了给予行为和心脏健康之间的明显联系。**与非志愿者相比，在过去**

一年中至少做 200 个小时（大约每周 4 小时）志愿工作的受试者患高血压的可能性要低 40%。为他人服务的受试者也显示出了更高的心理健康和身体活动水平。

艾希礼·威兰斯（Ashley Whillans）博士供职于哈佛大学，调查了 186 名患有高血压的成年人在别人身上花了多少钱，给慈善机构和捐出去了多少钱（"亲社会捐赠"）。在 2 年的随访中，慷慨大方的人比吝啬的人血压更平稳。在第二项研究中，研究人员给 73 名受试者每人 40 美元，并要求他们在连续三周的三个不同场合把钱花在自己或别人身上。在研究结束时，相较给自己消费的人，给别人花钱的人血压较低。不要告诉大型制药公司：根据这些研究人员的说法，给予可能和药物治疗一样对血压有好处。威兰斯写道："这些影响的程度与降压药物或运动等干预措施的效果相当。当受试者把钱给他们爱的人时，这种改善最为明显。这些小小的给予行为可以增进亲情，改善心室、静脉和血管功能。"

自我专注：一个心脏的故事

回首 20 世纪 80 年代，我们有爆炸头、细领带、华丽金属和雅达利公司❶。这是一个多么美好的时代啊。当我们沉迷于音乐电视时，社会心理学家拉里·舍尔维茨（Larry

---

❶ 美国的一家电脑游戏机厂商。

Scherwitz）博士和他的同事们，先是在贝勒大学，后来在加州大学旧金山分校，在自我专注和心脏病方面有了重要的发现。

在关于这一主题的第一篇论文中，他比较了 A 型人格（紧张、压力大，可能有点神经质）和 B 型人格（冷静的人）的参与者，方法是对他们进行结构化采访，然后让他们接受血压升高试验，比如把他们的手浸入冰水中，解决高压问题和接受情感上的探究性问答。当他们做这些有压力的任务时，研究人员监测了他们的血压和心率。

可以预见的是，当受试者报告感到痛苦时，血压会飙升。A 型人格的人内部出现了重大分歧。在结构化采访中使用过多第一人称名词（"我""我的"）的人血压升高明显，情绪强度高，对任务的反应也更极端。那些自我参照度不高的 A 型人格的人，情绪强度更低，血压也更低。

科学家们一开始假设压力会使血压升高（从而增加心脏病发作的风险），但最终在数据中看到了不同的信息。血压升高的更大预测因素并不是受试者是否处于高压状态。更好的"暗示"可能是自我专注，在结构化面试中自我参照就是证明。

在下一篇论文中，舍尔维茨验证了一个假设，即 A 型人格的人患心脏疾病（例如心脏病发作）的风险不一定更高。他和他的团队召集了 150 名符合 A 型人格特征标准的男性。研究对象的神经质和现有的冠状动脉疾病之间似乎没有关系。然而，当统计受试者在研究前访谈中使用"我"和"我的"的次数时，他们发现自我参照与冠心病之间存在关联。他在自己的第三篇论文中，对 3110 名受试者进行了纵向研究，在最初的访谈中，那些最"密集地"使用自我关注字眼的人，患心脏病死亡的概率最高。

虽然后来研究使用的方法略有不同，结果也有时出现差异，但至少可以说是发人深省的。避免在演讲中使用第一人称代词可以保护你免于因患心脏病而死亡，这种说法有些牵强。但如果你少想点自己，多想想别人，可能就会对你的心脏有好处。

保持理智

到 2060 年，美国阿尔茨海默病患者预计将达到 1400 万人。不仅针对现下的老年人，对未来的老年人而言，找到新的方法来保持认知敏锐，都是十分迫切的。知道现在该做什么可以避免以后的智力衰退，这不是很好吗？碰巧的是，在未来的几十年，有一些生活方式可能会帮助你在《危险边缘》❶中保持胜利！你绝对

---

❶ 《危险边缘》是哥伦比亚广播公司益智类问答游戏节目。

猜不到它们是什么。

一项关于给予行为对阿尔茨海默病风险影响的国际元分析综合了 73 份独立研究论文的数据，发现**自愿为他人服务与大量精神益处有关：不仅能减少抑郁，提高自我健康状况，增强整体功能，而且能提高与保留认知能力相关的敏锐性**。就像打网球或打高尔夫一样，认知也可以是一个"非用即失"的命题。在这个世界上保持活跃、联系和参与、认识新朋友、尝试新体验、面对新挑战，你的大脑会因此而感谢你的。巴西的一项针对大约 300 名老年人的研究发现，无私的人思维更敏捷。

约翰霍普金斯大学医学院的研究人员对 128 名 60 岁至 65 岁的老年人进行了一项随机试验，这些老年人参加了一个名为"体验团"的试点项目，该项目将年龄较大的志愿者安排到公立小学去提供帮助。在巴尔的摩的小学里，经过 8 个月的拍橡皮擦、削铅笔和捉迷藏游戏后，老年人的认知能力显著提高，步伐（衡量老年人健康极重要的指标——"行走速度"）也相对保持了活力。有了这样积极的结果，研究人员希望"体验团"的想法能得到推广。社会、身体和认知功能的改善将让老年人受益。公立学校的老师和行政人员将会因此得到主动帮忙（和有能力）的帮手。孩子们也将从额外的关注中受益，并提高他们的学习成绩。最终结果是三赢。

保持强壮

我们说的不是 70 多岁的老人在健美海滩举杠铃。我们的意思是强壮到可以做基本的日常活动。力量、柔韧性和耐力的丧失在中年及中年以后是很常见的。30 岁以后，人类每 10 年就会失去多达 8% 的肌肉量。因此，如果我们还想和狗狗一起长时间散步、把杂货从车里搬到厨房、在屋檐上挂节日彩灯，那么采取措施保持体力就很重要了。

研究发现，实际上，利他主义可以让你更强大（至少会强大一点点）。马里兰大学的一项研究通过几个奇特的实验检验了利他主义对自我控制、坚韧性和个人力量的影响。首先，受试者在进行慈善活动之前和之后，都用完全伸直的手臂，从身体的一侧举起一个 5 磅重的重物，举起后坚持的时间越长越好。接下来，研究对象在捐款前后都接受了握力测试。在这两种情况下，受试者在捐款帮助他人后，将重物举在空中或保持握力的时间明显更长。

作者假设参与者经历了一种"道德转变"的形式，他们因给予他人的经历而受到激励，从而获得了额外的耐力。也许你有过类似的经历。当你知道自己在做正确的事情时，这个事情会激励你，让你更有毅力；用更多的力量、耐力和坚韧来坚持你正义的追求会更容易。这就解释了为什么当你不仅仅是为了自己而做好事时，你会有一种新的、额外的勇气来度过困难时期。

当老年人致力于为他人，特别是为年轻一代的幸福做出贡献时（例如，用有意义的方式与年轻人分享他们的智慧）——被称为"传承"——他们的耐力和身体机能可能会增强。南加州大学对 60 岁至 75 岁的老年人进行了一项研究，评估了他们的传承得分和独立完成日常生活活动（跑腿、做家务、做饭）的能力。**研**

究开始时的传承能力越高，在接下来 10 年的随访期间身体机能越好。 这表明，你不必付出金钱或时间；分享一些可能更有价值的东西——一生的智慧——也会对给予者有益。在这种情况下，坐下来听听奶奶的故事和建议，你可能会给她一个保持身体强壮的机会，同时接收到她的一些智慧。

健康心理学家和社会流行病学家埃里克·S. 金（Eric S. Kim）博士，目前就职于不列颠哥伦比亚大学，他在利他主义和衰老的交叉领域做了广泛的研究。在一项纵向研究中，金和他的团队分析了全国 50 岁以上成年人健康和近 1.3 万名退休参与者的数据，并观察了志愿活动随时间（4 年）的变化与身体功能之间的关系。在控制了潜在的混淆因素后，他们发现，**每年至少做 100 小时志愿服务的参与者——大约每周两小时——产生身体功能缺陷的风险显著降低。**

这是关于力量的部分，而不是关于死亡的部分，但值得一提的是，金和同事还发现，**每年 100 小时的志愿服务也与较低的死亡风险和更强的生活目的感息息相关。** 每周两小时有可能改变一个人的生命历程、一个社区的幸福，甚至整个社会的健康。对老年人来说，也许志愿为他人服务应该作为一种良药。同样，利他主义不是"魔法"。根据科学，它只是一种基于证据的生活方式。

有目的

如果你问别人："你的人生目标是什么？"答案很可能不会是

"去毛伊岛度假"。戴吉利酒和浮潜可能会刺激你产生激情，这些激情可能是值得追求的。但是激情通常是"自私的"，这意味着除了你自己，对任何人都没有好处。

正如我们之前解释过的，激情不是目的。真正的目的是参与比你自己更重要的事情，是致力于改善你的世界——为你的家庭、你的社区或整个世界——某种"有所作为"的变体。你可以在 401k❶ 计划中，也可以在角落的办公室里寻找目标，但你是找不到的。真正的目标来自以某种方式服务他人。大量研究证明，有目标有利于心脏健康和长寿。

在接下来的所有关于生活目的的研究中，研究人员使用了一套经过心理学验证的问题来探究个人的目的感。密歇根大学的研究人员分析了 2006 年参加全国队列研究（健康和退休研究）的 6985 名 50 岁以上美国人的数据。12 年后，研究人员查看了参与者的死亡人员的资料，并进行了分析，发现较强的生活目的感与死亡率的降低有独立联系。在研究期间，生活目标感最少的人的死亡风险比目标感最强的人多一倍。在另一项研究中，拉什大学的研究人员对退休社区的 1238 名老年人的目的感和死亡率进行了类似的分析，并得出了基本相同的结论。

在医疗保健领域，我们经常谈论寿命，但可能对生活质量谈

---

❶ 401k 计划是指美国 1978 年《国内税收法》新增的第 401 条 k 项条款的规定，401k 计划始于 20 世纪 80 年代初，是一种由雇员、雇主共同缴费建立起来的完全基金式的养老保险制度。——编者注

论得不够多。如果我们失去了行动能力，不能说话，不能走路，不能吃饭，很多人都不想活到 100 岁。关于中风风险，金和他的团队对 6739 名老年人进行了为期 4 年的研究。他们发现，生活目标感越强，患中风的风险就越低。金对老年人的另一项研究发现，**在 4486 名受试者中，他们的生活目标得分越高，就越有可能保持握力和步行速度，这是老年人总体功能和健康的两个指示性因素。**更重要的是，生活目标六分制的每一次提升都与更好的健康预防措施（例如癌症筛查）和减少 17% 的住院时间有关。

对我们所有人来说，高质量、充足的休息对我们的健康至关重要。生活中有目标真的能让你晚上睡得更好吗？金和他的团队在老年人中研究了这个课题，一般来说，老年人更容易受到睡眠障碍的影响。他们分析了 4000 多名参与者的睡眠中断发生率和生活目标感，并对他们进行了为期 4 年的跟踪调查。你会惊讶地发现，在控制了潜在的混杂因素后，在这个六分制的量表上，**每达到一个更高层次的目标，出现睡眠问题的概率就会下降 16%。**

也许坏人睡不着。但奉献主义者绝对睡得很好。你可以把它理解成任何你认为的意思。

在联系

有充分的证据表明，缺乏有意义的社会关系会造成健康问题。孤独对健康的影响这一研究领域并不新鲜。1988 年，密歇根大学的社会心理学家詹姆斯·S. 豪斯（James S. House）博士及其同事在《科学》杂志上就这一主题发表了一篇具有里程碑意义的论文后，人们对这一话题的兴趣激增，而且从未消退。最近，美国卫生部部长维韦克·穆尔蒂（Vivek Murthy）医学博士就此写了一本书，名为《在一起：时感孤独的世界中人际关系的治愈力量》（*Together: The Healing Power of Human Connection in a Sometimes Lonely World*）。如此有力的数据让英国和日本政府都为此设立了一个类似内阁的职位，"孤独大臣"可能是有史以来最令人悲伤的工作之一。

做一个奉献主义者意味着关注他人。一个人越是为他人服务，他就越不孤独，这是显而易见的，而且是有证据支持的（关于这一点，后面会有很多证据）。相反，如果一个人是自私的混蛋，这个人有意义的关系就会很少，会感到孤独。我们没有办法美化这一事实。

让我们从心脏健康和血压开始，当你计算自己有多少亲密关系时，你的心脏健康和血压可能立马就会上升。芝加哥大学的研究人员对 229 名 50 岁至 68 岁的多种族人群进行了为期 5 年的纵向研究，旨在验证孤独与血压升高有关的假设。他们发现，在研究开始时感到孤独，预示着随后一年的血压会升高，这与年龄、性别、种族、药物和性格特征等其他因素无关。英国一项对 16 项研究数据的荟萃分析表明，**孤独会使患冠心病和中风的风险增加约 30%。**

杨百翰大学的心理学家朱丽安娜·霍尔特－隆斯泰德（Julianne Holt-Lunstad）博士，是研究社交孤立对心血管疾病、中风风险和死亡率影响方面的专家，她说："流行病学数据表明，拥有更多和更高质量的社会关系能降低健康风险，而拥有更少和更低质量的社会关系则反之。"**她将孤独导致的死亡风险描述为与每天吸 15 支烟相似，与高血压和肥胖的死亡风险相当。**

你早已知道，如果戒掉香烟和芝士汉堡，你可能会更长寿，但有证据表明，如果你花更多的时间为他人服务，建立有意义的人际关系，你也可能会更长寿。或者干脆找个室友吧。在另一项荟萃分析中，霍尔特－隆斯泰德计算出，被评估为孤独的受试者死亡风险比其他人高出 26%。如果他们独自生活，患病风险会增加 32%。"我独自生活，但并不孤独"这句话可能站不住脚。这不是你如何感觉的问题，是关于联系和与他人相处的问题。在有关死亡率的研究中，参与者主观上认为自己是否孤独并不重要。社交缺失的测量是客观的，研究人员收集了一些数据，比如受试者多久与其他人进行一次有意义的互动。

另一个奉献主义反馈回路的例子则表明，把自己投入亲密的关系中会让你更有趣，更乐意交谈，因此更有可能获得并保持这些重要的关系。根据一项在西班牙对 1691 名中老年人进行的为期三年的研究得知，社会联系可能有助于防止认知能力下降。首先，研究人员对受试者的社会孤立程度进行评分，并通过对他们进行短期和长期记忆测试来建立他们的认知基线，让他们向前和向后回忆一系列数字，并评估他们的语言流利程度。从一开始，**孤独就与认知功能得分较低显著相关。随着时间的推移，孤独的受试者认知功能得分比拥有良好的人际关系的受试者下降得更**

明显。

在孤独感和身体机能方面也观察到同样的快速下降，尤其是在退休后。加州大学旧金山分校的研究人员对 1604 名 60 岁以上的受试者进行了为期 6 年的研究。首先，他们通过问"你感到被冷落了吗？""你感到孤独吗？""你缺乏陪伴吗？"等类似的问题，然后每两年对他们进行一次跟踪调查，一共持续了 6 年。他们还追踪了参与者的行动能力，例如提东西和爬楼梯的能力以及收拾杂货和打扫卫生等日常生活活动的能力。在控制了社会人口统计和身心健康因素后，**与不孤独的人相比，孤独的人在日常生活中活动技能下降的风险高出 50%。最重要的是：他们在研究期间也更有可能死亡。**

我们的处方是：投资人际关系。给予、帮助、服务或者做志愿者去帮助那些求助无援的孤独者。现在，或者尽快，打电话给一个朋友约定日期，然后在那个日期提供帮助。让这成为一种习惯。它真的可以很简单，对你的健康能产生深远的影响。

如果你对这个关于孤独和健康的讨论感到有点苦恼，在阅读下一章内容时，你可能会找到安慰。

Happiness

鼓励他人就是在鼓励自己。

——华盛顿

第七章
通过服务他人获得心理健康

有关身体健康的最后一章把重点放在了老年人身上，因为科学家在研究心脏病、阿尔茨海默病和死亡率时，研究对象多是老年人。

心理健康研究的对象倾向于年轻人，与身体健康研究的对象倾向于老年人的原因是一样的。科学家在心理健康研究中把目标锁定在 30 岁以下的人，因为这个人群发生抑郁、焦虑和职业倦怠等负面事件的风险很高。需要明确的是，这一章不是关于幸福的（下一章才是），而是关于对可诊断的精神健康问题的影响的。

1984 年至 1996 年之间出生的千禧一代被称为"焦虑一代"是有原因的。1997 年至 2012 年之间出生的 Z 世代，又称"Zoomers"，其焦虑和抑郁症的发病率急剧上升。年龄大一点的 Z 世代大学毕业生就业状况很不乐观。这也难怪 2021 年美国疾病控制和预防中心的一项调查报告称，63% 的 18 岁至 24 岁的人有焦虑或抑郁的症状。25% 的人正在使用酒精和娱乐性药物来缓解压力，并且有严重的自杀倾向。这为接下来的心理障碍埋下了伏笔，因为根据美国精神疾病联盟的调查结果，75% 的终生精神疾病出现于 24 岁之前。

不过，对年轻一代来说，情况也不全是惨淡的。他们拥有最多的工具来对抗抑郁、焦虑、情绪调节不良、心理困扰和物质使用障碍等病理状况。工具箱中的一个重要工具，起到很大的缓冲作用，提升情绪和最大限度地减轻以上的症状，那就是服务他人！

让我们逐一看看具体的心理健康问题，我们会告诉你把注意力转移到其他人身上是怎样帮助你解决这些问题的。

抑郁

生活中我们都有感到悲伤、精力不足、似乎无法享受任何东西的抑郁期。低谷期往往是生活环境的反映，这是有道理的。每年有高达 6% 的美国人应对"冬季忧郁症"，又称季节性情感障碍。根据美国精神病学协会的数据，17% 的人（大约六分之一）在其一生中的某个时刻会有严重的抑郁症；18 岁至 25 岁的人中，有 13% 的人在每年都会有抑郁症发作。它的症状是恐怖的：悲伤、空虚、无望、无价值感、易怒、沮丧、哭泣、对曾经给自己带来快乐和幸福的事情失去兴趣、睡眠问题、疲惫、食欲改变以及认知问题。有自杀意念（只是想着要自杀，即使他们不想这么做；想到也许没有自己大家会更好）的年轻人比例是自 2000 年以来最高的。这个统计数字令人心碎，但却是事实。这种影响会持续多久呢？

自我关注是一个重要的促成因素。伊利诺伊大学芝加哥分校对已发表的文献进行了广泛的元分析，发现自我关注与负面影响（抑郁情绪）有关，尤其是当我们陷入自我关注时，这意味着我们无法摆脱自己的想法。

治疗重度抑郁症的标准工具包括心理疗法、药物疗法和行为矫正。研究支持这样的观点，即为他人服务也可以视为治疗方案的一部分，特别是对年轻人而言。**杨百翰大学对 500 名青少年进行的为期三年的研究发现，给予和帮助陌生人和家庭成员可以预防抑郁症和焦虑疾病。**如果将给予行为与希望、坚持、感恩和自尊等性格优势相结合，参与者不仅能顺利度过青春期，而且更有可能避免抑郁症状的发生及加重。

对正在寻觅帮助孩子们度过这些坎坷岁月的家长和老师来说，这是个好消息。即使是心理最痛苦的青少年也能从成为"奉献主义者"中受益。韦恩州立大学的一项研究要求 99 名极度痛苦的青少年连续写 10 天日记，记录他们的情绪和对朋友的帮助行为。在最善待他人的日子里，他们的心情是开朗的。在研究开始时，青少年的抑郁程度越高，为他人提供帮助时就越能减轻痛苦症状。

由于医学院的各种压力，抑郁和职业倦怠在这一领域非常多见。可悲但真实的是，这也使医学院成为可以测试心理健康干预措施的"实验室"。埃默里大学的詹妮弗·马斯卡罗（Jennifer Mascaro）博士及其同事在一项研究中观察了心理压力是如何损害医学院学生的情绪，和与之相关的同情心的。二年级学生随机接受同情心训练或被列入等待名单（对照组）。正如预期的那样，第一组报告说他们对他人的同情心增加了，但同时也发现他们的孤独感和抑郁情绪减少了。在研究开始时感到抑郁的学生，在同情心技能和个人幸福感方面都有了最大的提升。研究人员总结说，学习为他人付出有利于那些最需要打破"一切都是关于我、我很痛苦"心态的人，以便重新发现他们的同情心。

幸福主义：对生活意义和目标有深刻的认识。

享乐主义：优先寻求自己的快乐。

如果你告诉你最好的朋友或伙伴，"我很沮丧"时，他们可能会建议你做一些有趣的事情来让自己好起来。度个假！开场派对！但追求享乐主义实际上不是帮你摆脱忧郁的方法。能够调整情绪的是幸福主义活动——给你生活带来意义和目的感的事情。伊利诺伊大学香槟分校的研究人员检验了这样一个假设，即享乐主义活动可能导致"不幸福"，而消费主义活动使人们获得"最佳幸福"。他们对47名高中生进行了为期一年的跟踪调查，发现持"奉献主义"的青少年，抑郁症状有所缓解。而"享乐主义"团队的抑郁症状则有所加重。当感到沮丧时，寻求快乐似乎是一个很好的对策。快乐的感觉很好，但只是在你快乐的时候。然后你带着空空如也的钱包，随着头痛欲裂醒来后，想知道昨晚到底发生了什么，你会比以前更沮丧。我们中的许多人从经验得知这是真的（愧疚），现在也在科学上得到了验证。通过帮助他人找到目标，可以帮助你摆脱抑郁。这样做的奖励：没有宿醉的痛苦。

从 1997 年到 2012 年，芬兰的研究人员对 1676 名年轻人进行了 15 年的跟踪调查，观察"性格同情"——有一种内在的声音告诉你要做好事和帮助他人——是否能随着时间的推移预防或减轻抑郁症状。据统计，芬兰人的抑郁程度比美国人略高。帮助他人不仅能降低抑郁症发作和持续症状的风险，还能阻止消极态度以及生活工作中的不良表现等"亚症状"的出现。数据表明，如果人们在年轻时就是奉献主义者，他们成年后的心理健康状况可能会更好。

这都关乎"我"

根据婚姻顾问的说法，用"我"来代替"你"，可以防止敏感的对话演变成激烈的争吵。例如，对你的配偶说"当你在派对上忽视我时，我感到很受伤"，可能比说"你今天的表现真糟糕"更有效果。

在另一种情况下，陈述句中大量使用"我"，与不好的事情有关，如抑郁症。在宾夕法尼亚大学的一项研究中，研究人员比较了"语言的独特特征"，如出自九位自杀诗人和九位非自杀诗人的三百首诗，诗中第一或第二人称代词的使用情况。

有自杀倾向的诗人——约翰·贝里曼（John Berryman）、哈特·克莱恩（Hart Crane）、谢尔盖·叶赛宁（Sergei Esenin）、兰德尔·贾雷尔（Randall Jarrell）、符拉基米尔·马雅可夫斯基（Vladimir Mayakovsky）、西尔维娅·普拉斯（Sylvia Plath）、萨拉·蒂斯黛尔（Sara Teasdale）和安妮·塞克斯顿（Anne Sexton）——使用自我关注的词、第一人称代词，不太可能使用"谈话"和"倾听"等交流词。研究作者得出结论，他们的"我""我的"字眼表明他们专注自己，疏离他人。

没有自杀倾向的诗人——马修·阿诺德（Matthew Arnold）、劳伦斯·费林盖蒂（Matthew Arnold）、乔伊斯·基尔默（Joyce Kilmer）、丹妮斯·莱维托芙（Denise Levertov）、罗伯特·洛威尔（Robert Lowell）、奥西普·曼德尔施塔姆（Osip Mandelstam）、鲍里斯·帕斯捷尔纳克（Boris Pasternak）、艾德里安娜·里奇（Adrienne Rich）和埃德娜·圣·文森特·米莱（Edna St. Vincent Millay）——在语句中，不太使用"我"和"我的"，更多使用字眼"你"以及与他人和谐互动的词语如"分享"等。

这并不是说写自己就是自杀倾向的"提示"（但这对诗人来说是一个闪烁着的警告信号）。自我关注会使人变得孤独和抑郁，而这反过来又会加重他们的焦虑和增强自我意识。关于学生的自我形象目标与他们的焦虑和社交苦恼之间的交集，密歇根大学的研究人员做了两项研究。在第一项研究中，199名新生连续12周每周填写一份关于自我形象目标的调查。以自我为目标的人（比如确保"我"看起来很好）往往会增加焦虑和痛苦。有同情心的人（比如被他人看作是善于给予和乐于助人的人）的焦虑和压力减轻了。第二项研究是对室友进行调查，让他们在 12 周内每周填写一次关于自我形象目标的调查。研究得出了同样的结论，以成为一个富有同情心、支持他人的室友为目标，可以减轻痛苦。同情心较少、更注重自我的目标会导致长期痛苦。

大学是一段充满挑战的时光。你正在试着去了解你自己，弄清楚你在这个世界上的位置。重要的一课是："学生"里没有"我"，不过有一个"你"，当本科生停止分析自己的焦虑，并设定帮助他人的目标时，研究认为他们可以降低心理健康不佳的风险（至少在某种程度上）。

焦虑

焦虑是一种情绪障碍，症状包括紧张、焦虑、不安、注意力难以集中，以及惶惶不可终日。与皮质醇泛滥相关的身体症状——应激反应——包括心率加快、出汗、发抖、失眠、恶心和其他胃肠问题。焦虑感就像生活在钢丝上。在任何时刻，只要强风刮过，你就会觉得自己摇摇欲坠。

焦虑症的标准治疗方法是药物治疗、谈话疗法、认知行为疗法，或三者的结合。另一个可以考虑的干预措施是通过服务他人和做一个善良的人来增加生活的目的性。英属哥伦比亚大学研究了 142 名有高度社交焦虑的成年人发现，仅仅一个月的善行——一些小事，如赞美、写感谢信、帮助陌生人把沉重的袋子搬到他们的车上、赠送小礼物、在超市排队时让别人走在你前面——就可以明显促进积极情绪。参与者不仅在一想到与他人互动时的感觉更好，对现有关系的满意度也有所提高，而且他们不太会逃避社交。

如果你有社交焦虑症，你就会知道走进一个满是陌生人的房间有多难。甚至比不麻醉的结肠镜检查更难受。没有社交焦虑的朋友可能会说："迈开腿就行了！"他们不明白这种感觉。但有意识地、有目的地以微小、无害、不会引发皮质醇泛滥的方式帮助他人，可能会帮你走进任何房间，并感觉良好。你甚至可以和别人交谈得很开心。

失去

由于亲人朋友死亡、离婚或疏离而失去所爱的人产生的悲伤情绪是一种正常的、自然的反应。为失去你热爱的工作或者为搬走的邻居而悲伤也是合理的。因为我们的专业，我们经常在医院目睹他人的悲痛。目睹这一切可能会让人很痛苦。

悲伤不被认为是一种心理健康障碍，但悲伤的情绪——痛苦、难过、沉浸于死亡或失去、愤怒、想念——可以像抑郁症或焦虑症一样具有破坏性和毁灭性。"克服它"并不是一个解决方案。悲伤不应该被催促，但可以通过为他人服务被治疗和缓解，即使效果是暂时的。

作家兼企业家鲍勃·布福德在《中场休息：从成功到卓越》一书中写到，他的儿子溺水身亡。他说，他知道有情绪问题的人有时会得到一个"处方"：为他人服务或做善行，因为这有助于他们战胜自己的问题。他发现，唯一能把他从悲伤的深渊中拉出来的（尽管是暂时的）就是他专注于帮助别人。帮助他人充当了他情感系统的"诱饵"。这也向他展示了一种新的生存方式，并为他更大的、以他人为中心的自我和人生使命打开了大门，那就是传播给予的力量。

通常来说，当有人去世时，丧亲之人会不停地收到砂锅。这是一个很好的表示。人们需要吃饭。但研究指出，给予他人也可以帮助失去亲人的人减轻悲伤，至少在某种程度上是这样的。斯蒂芬妮·布朗博士及其同事研究了 289 名因配偶去世而悲伤的成年人。**幸存的另一半在提供有用的支持——向他人提供建议和实质性帮助——中找到了解脱。不管他们得到了多少帮助和关注，通过给予，他们的悲伤情绪在失去亲人后的 6 ～ 18 个月里得到快速缓解。**

研究表明，在经历了失去后或者你感到失落时，通过帮助那些同样需要帮助的人，你会得到很多。科学结论很明确：帮助他人可以治愈自己。

职业倦怠

职业倦怠最近才被世界卫生组织归类为一种与慢性压力有关的"职业现象"。如前所述，职业倦怠综合征有以下三个组成部分：①人格分裂——无法建立人际关系；②情感枯竭；③感觉自己无法改变现状。心理症状包括易怒、拖沓、急躁、分心和怀疑自己的成就。身体症状是极度疲劳、头痛和胃肠道问题。这就像在一个不断旋转的仓鼠滚轮中艰难地前进。一段时间后，你会感到精疲力竭，并因努力工作却一事无成而感到沮丧。有时，我们会感到不知所措。职业倦怠是一个完美的术语，因为你会感到精疲力竭，感到空虚。

在对医疗保健领域的职业倦怠问题进行了超级极客的深入研究后，斯蒂芬最终推动了"同情经济学"的诞生。传统观点认为：不在乎是心理健康保护伞，斯蒂芬却不以为然，他因此战胜了自己的职业倦怠。相反，他利用研究服务他人时获得的知识——包括英国关于医护人员的同理心和职业倦怠的系统回顾，得出的结论是：同理心越多，职业倦怠越少；反之亦然——努力为患者提供更多的关怀，与同事建立更多的联系。通过实践"奉献主义"行为，他为同情心和同理心所鼓舞，重新与他的生活目标建立了联系，并克服了职业倦怠。

当然，你不一定要成为一名医护人员才会感到职业倦怠。这也不是"助人"职业的专利。心理学家赫伯特·弗罗伊登伯格（Herbert Freudenberger）博士是研究"倦怠综合征"的领军人物，他发现职业倦怠出现在多种压力过大的职业人身上。在所有领域，一种普遍的治疗方法就是同情心。教育博士坎迪·维恩斯（Kandi Wiens）和宾夕法尼亚大学教育研究生院的高级研究员安妮·麦基（Kandi Wiens）博士在《哈佛商业评论》（*Harvard Business Review*）上发表了一篇题为《为什么职业倦怠因人而异》（*Why Some People Get Burned out and Others Don't*）的文章，指出："同理心……有助于对抗压力。当我们主动去理解别人时，我们往往开始关心他们。同情心，和其他积极的情绪一样，可以对抗压力的生理影响。"

有力的研究表明，复原力和抵抗职业倦怠的关键是：强大、温馨、亲密、关怀的关系。当你与他人建立联系（而不是只关注自己），并有幸为他们提供支持和安慰时，你在面临压力和困难时会更有复原力。通过激活"互助友好"效应［该效应由加州大学洛杉矶分校心理学家谢利·泰勒（Shelley Taylor）博士命名］，来自"神奇四侠"的大量激素（最重要的是催产素，还有内啡肽和多巴胺）使我们的交感神经系统平静下来。压力得以缓解，我们处理生活中问题的能力就会大大提高。

并不是让你把所有的烂摊子都往自己身上揽，但科学表明，减轻自己职业倦怠的一种方法是把爱倾注到别人的生活中。

最终，你得到的爱和你创造的爱是相同的。

——保罗·麦卡特尼（Paul McCartney）

上瘾

马兹在医学院读书期间，暑期曾在著名的贝蒂福特中心实习。该中心位于加利福尼亚州兰乔米拉日，是美国为酗酒者所建的首批住宅康复项目之一。前第一夫人贝蒂·福特（Betty Ford）是他的实习担保人。该中心的治疗方法之一是匿名酗酒者协会（AA）的 12 个步骤。当时，在学习这些步骤时，马兹对其顺序特别感兴趣。前 11 个步骤——诚实、信任、屈从、深刻的自我反省、正直、赞同、谦逊、愿意、宽恕、保持和建立联系——主要是关于内省和致力于自我的。但是第 12 个步骤有所不同。最后一步是服务，与他人相关，致力于帮助其他受酗酒困扰的人。发明第 12 步的专家们明白：如果你完成了第 11 步，你很可能会再次酗酒。但是，当你承诺为和你有同样经历的人担任保证人（导师和支持人）时，你就更有可能戒酒。正如布朗大学的一项研究所证实的那样，为他人服务可以使戒酒坚持下去。

是什么机制让它起作用的？为他人服务会让你得到解脱（你得到了帮助；帮助别人也会让你不再酗酒）、获得了责任感。如果别人的清醒取决于你的清醒，你就更有可能保持清醒。照顾一个脆弱的人，迫使你得到真正的亲密感和踏实感；拥有类似深刻的亲密关系是一件好事。当另一个人的清醒、健康和幸福取决于你戒酒与否时，你戒酒与否就有了全新的意义。

美好旧时光

我们关注的是服务他人对年轻人的心理健康益处，但它们也适用于老年人。奉献主义行为的确能改变你的人生观。

- 加州大学洛杉矶分校和耶鲁大学的一项研究发现，把注意力集中在别人身上可以缓解担忧带来的压力。根据研究对象的日记，外出活动时或者通过亲社会行为做好事时，他们的幸福感会上升，负面情绪会缓解。研究人员得出结论，亲社会行为（例如，对他人友善）可以降低日常生活中压力带来的负面影响。关注他人并不能改变你的处境。但这项研究支持这样一种观点，即帮助处于困境中的人可以帮助你忘记自己的烦恼，至少是暂时忘记。

- 哥伦比亚大学和麻省理工学院的研究人员研究了情绪调节（管理自己的情绪）策略。在三周的时间里，他们进行了一个在线互动培训项目，内容是关于在社交场合调节情绪的。使用第二人称语言（"你"）最多的参与者更乐于帮助他人解决问题，相比之下，使用第一人称（"我"）的人会分享自己的问题或接受帮助。"你"组的抑郁程度较低，更有感恩之心，对自己的生活有更多的换位思考，这帮他们更好调节情绪、带给他们更多幸福感。

- 还有一点：在得克萨斯大学奥斯汀分校（University of Texas‑Austin）的一项研究中，24 名研究人员发现，65

岁以上自愿为他人服务的人比非志愿者的抑郁水平更低，部分原因是服务他人鼓励他们与人交往。

一些人不愿意承认心理健康问题的存在。如果你或你的孩子抑郁或焦虑，需要帮助，你通常必须通过烦琐的程序拿到保险支付费用——也就是说，前提是你能找到一个好的治疗师。而且不幸的是，对于一些人认为"都是你的臆想"的情况，仍然存在着一些污名和偏见。（幸运的是，这种污名正开始消失。人们现在看到了一些显而易见的事情：有些人会得糖尿病，有些人会得癌症，有些人会被车撞，有些人会抑郁、焦虑，等等。我们应该一视同仁。）

为他人服务是一种心理健康疗法，每个人都可以接受。它是免费的，所以没有必要与保险公司进行殊死搏斗。而且它是唯一一种几乎没有副作用的"药物"。如果我们转移焦点，拓宽我们的视野——摆脱自己的想法——我们的幸福就会呈螺旋式上升。当人们不再关注"我、我自己"，而是转向"你怎么样？"时，他们的焦虑、抑郁、悲伤、上瘾和困扰便会开始缓解。

就在最近，我们的一个朋友跟我们讲了她非常糟糕的一天。她的一个重要客户把生意给了别人，她觉得自己工作没了，很可能无家可归，在街上孤独死去。在她焦虑到极点的时候，她的妹妹为和妹夫的一次争吵哭着给她打电话。我们的这位朋友立刻从她的困境中振作起来，帮助她的妹妹。转移她的注意力来帮助她的亲人，这个简单的行为改变了她的整个观念。她的心情在几分钟内就阴转晴。她本可以说"我有自己的问题要处理",然后挂断电话。然而,她站出来帮忙,安抚了她的妹妹,她感到精力充沛(助人快感),并对自己的麻烦事有了新的认识。她的客户并没有抛弃她。她的生活没有任何改变……但她的焦虑在一段时间内得到了缓解。

好了,抑郁症、焦虑症和压力的话题到此为止。让我们转到令人愉快的话题上。

给予能让人快乐吗?

"温情效应"和快乐是一码事吗?

虽然给予的心是充实的,但对他人的关注能带来深深的成就感吗?

说回我们自己,我们很乐意马上向你展示一些有关服务他人对你情绪产生影响的资料。

投身到一个远比自身更伟大的事业中去是
最可靠的通往幸福的大道。

——**佚名**

第八章
通过服务他人获得幸福

在我们深入研究如何通过奉献和服务获得幸福之前，我们需要先讨论一下什么是幸福。

每当提到"幸福"一词，大多数人脑海中浮现的场景不外乎下述三种：一个灿烂的笑容、一个阳光明媚的日子、一只热情的小狗。有时候，我们体验到的幸福感不过是大脑中多巴胺的分泌在起作用。纽约大学教授加洛韦说："幸福（的本质）只是一种感觉，一种多巴胺的冲击。"肤浅的幸福是暂时的，只持续到看完有趣的电影、吃完墨西哥卷饼为止。布鲁克斯描述称，当我们朝着目标前进，或者当事情朝着我们的预想发展时（比如当我们的球队赢得重要比赛），幸福可以来自"自我的胜利"。

幸福的同义词是"满足感"，这个词可能属于自我关爱和自我帮助领域。如果你追求满足感，你有可能苦苦寻觅仍无所得。满足感可能是难以捉摸的。那些"追求你的幸福"的大学毕业演说可能会提到一个快乐的未来，也就是找到满意的工作。但演讲中对如何找到满意的工作以及满意的工作意味着什么却含糊其词。我们将在下一章关于成功的内容中深入探讨满意的工作这个问题。现在，你只需知道，研究表明，与获得幸福不同，仅靠多巴胺的刺激是无法填补内心的极度空虚的。

那喜悦呢？畅销书作家和整理专家近藤麻理惠（Marie Kondo）在《怦然心动的人生整理魔法》（*The Life-Changing Magic of Tidying Up*）一书中写到，只保留能"激发喜悦"的个人物品，扔掉其余的东西。近藤将喜悦与那些可能让我们感到安全、有趣、安慰、自豪或自信的事物等同起来。你在清理房子或车库时，血清素会带给你成就感。但是，将工具整齐地挂在墙上并不能像奉献主义行为和态度那样降低你罹患心脏病、阿尔茨海默病和中风的风险。从这个意义上说，喜悦可能只是：一个火花。它不是永不熄灭的火焰，提供的"温情效应"无法延续一生。

我们想把一个与幸福有关的词与奉献主义行为和态度联系起来，这个词就是"超越"（即超越自我），或超越普通经验，进入更高的水平？公正的意识？超越版的幸福可能感觉都不太好，但它更充实、更丰富。很多时候，在医院度过漫长而艰难的一天后，开车回家的路上，我们会感到筋疲力尽。虽然我们身心俱疲，但是我们心满意足，我们确信自己已经尽了最大努力为别人带来改变，即使我们无法给他们带来他们所期望的结果。斯蒂芬称这种感觉为"良性疲劳"。这是一种类似于超越的感觉，因为你可以飘浮在为他人服务的银色云朵上，超越疲惫感。阿尔贝特·史怀哲（Albert Schweitzer）是哲学家兼医生，在他年轻时一定感到过"良性疲劳"。他曾说："当我们奉献他人时，生活会变得更艰难，但也会变得更充实、更幸福。"

"良性疲劳"的反义词是"普通疲劳"。当你度过了既没有意义也没有目的一天，除了疲劳和沮丧外，没有任何幸福感或其他感受时，就是"普通疲劳"。日复一日的"普通疲劳"会导致职业倦怠。只有通过有意义的方式努力与他人建立联系，才可以避免"普通疲劳"。

马丁·塞利格曼（Martin Seligman）博士是美国心理学家，在宾夕法尼亚大学正向心理学中心担任主任，也是一个会问"宏大问题"的人，他在他的畅销书《真实的幸福：用新的积极心理学来实现你持久的潜力》（*Authentic Happiness: Using the New Positive Psychology to Realize Your Potential for Lasting Fulfillment*）中问了一个宏大的问题："什么样的生活让人幸福？"

他描述了三种方法。第一种是他所谓的享乐主义所追求的"快乐生活"。通过寻欢作乐，你会得到肤浅的、短暂的幸福。正如我们之前讨论过的，这方面的数据很清晰明了，享乐性的幸福转瞬即逝。这种幸福与幸福主义追求（拥有更高的目标，也就是奉献主义行为）带来的幸福或生活满意度截然不同。

塞利格曼博士所提出的第二个层面是"美好生活"，指在全身心投入或深度专注时，幸福便会出现，这就是匈牙利裔美国心理学家米哈里·契克森米哈赖（Mihaly Csikszentmihalyi）提出的著名的"心流"理论。在"心流"状态下，你全情投入，将自身的优势发挥到极致。即使身居陋室，只要全情投入自己擅长的事情，你就会被积极情绪包围。大卫·布鲁克斯将心流描述为"自我的溶解"。沉浸在自己的工作或事业中，你就会忘记个人野心。从自利主义中解脱出来，我们就会感到幸福。

塞利格曼博士所提出的最后（最高）层面是"意义生活"，即利用自己的优势为他人服务，找到归属感和目标，创造最深层次、最持久的幸福。在关于这个主题的演讲中，塞利格曼提到了一项调查，问参与者："对快乐的追求（快乐生活）、对参与的追求（美好生活）和对意义的追求（意义生活）在何种程度上影响我们对人生的满意度？"最初的调查和 15 项重复研究的结果发现，快乐生活"对人生的满意度几乎没有贡献"，塞利格曼博士说道。参与生活极大地提高了人生的满意度。但是，意义生活做出的贡献最大。他说，如果你的生活有意义、重参与，快乐就是锦上添花的事。而三者的结合——实际上，就像冰激凌、热软糖和樱桃——是"充实的生活"。反之，一个没有快乐、参与或意义的人生是"空虚的生活"。

这些发现不仅仅是塞利格曼博士或他研究对象的思考或观点。这是他和其他研究人员通过与循证医学相同的严格科学探究（例如，什么时候做手术或服用什么药物）所发现的。他们在研究中发现，不幸福的生活缺乏参与和意义。

正如我们前面提到的，追求个人幸福往往是孤独的。它把你的世界观缩小到只能判断自己的感觉。自恋者会为击败竞争对手、找到一个迷人的伴侣或赚到第一个 100 万美元而高兴，但这种高兴的感觉转瞬即逝，利己主义者很快就会得陇望蜀。自恋者的满足感会转瞬即逝。

超越是舍弃自我、服务他人，但也是在发挥自我优势，通过有意义的方式帮助他人。只要努力发挥自我优势，你就会被浓浓的归属感包围。正如我们在包括哈佛大学格兰特研究中心的数据中指出的那样，人际关系是生活中最令人喜悦的事情之一，而建立深度亲密关系的关键是表现出真正的关心和忠诚。感觉到"良性疲劳"意味着你为别人做了正确的事，这些积极的情绪不会消失。凭借可靠的承诺，超越会随着时间积累，并持续下去。永不褪色。每当你想起时，它就会不断涌现，激发你向他人伸出更多援手。你的心形花瓶满溢。

向《鹧鸪家庭》(*the Partridge Family*)❶ 道歉，但是（观看这部情景喜剧）你无法"得到"真正的幸福。相反，通往超越的道路是给予。

我睡去，梦见生活就是享乐。我醒来，发现生活就是劳碌。我身体力行后领悟到，原来劳碌中充满快乐。

——**泰戈尔**

当你习惯性地照亮他人，你也在散发自己内心的光芒。奉献者之光是奉献服务的副产品。大卫·布鲁克斯写道："你可以看出一个人散发着喜悦的光芒。他们内心发光，他们为微不足道的快

---

❶ 《鹧鸪家庭》是美国的情景喜剧。

乐而快乐；他们为别人而活，而不是为自己而活；他们一诺千金；他们对承诺抱有一种平和的态度和一种坚定的决心；他们对你感兴趣，让你感到被珍惜和被了解，并为你的优秀而高兴。"

这样的人在生活中很常见。就好像他们从来没有倒霉过。如果你和他们交谈，就会从他们身上找到"奉献主义者"的多个特质。

世上最幸福的人

神经科学研究表明，同情他人最能激活与人类幸福体验感有关的大脑回路。法国科学家马蒂厄·里卡德（Mathieu Ricard）是同情心方面的专家，目前已花费数万小时冥想，冥想的主题是对他人保持仁慈和同情。

当里卡德在威斯康星大学麦迪逊分校健康心理中心的理查德·戴维森实验室接受研究时，研究人员发现了一些令人惊讶的现象。在将256个电极连接到里卡德的头部并进行脑电图以及大脑的功能性磁共振成像仪器扫描后，研究人员发现他在某一方面异于常人，他们（或其他任何一位研究人员）从未见过里卡德这样的人。通过与150名对照对象（普通人）的数据相比，研究人员发现里卡德在幸福感方面的大脑活动超出常人。

里卡德的数据不仅仅是高出几个标准差那么简单。里卡德大脑的幸福区活动远远超出了钟形曲线，他活在自己的世界里。因此，他被公认为是"世界上最快乐的人"。

是什么让他的数据一枝独秀？冥想只专注一件事，而且也只有这件事：对他人心怀慈悲。在里卡德看来，对他人心怀慈悲是最快乐的状态。他曾经说过："如果你想让别人幸福，那你要修持慈悲。如果你想让自己幸福，你还是要修持慈悲。"

同情心带来喜悦是人类最大的秘密之一。

这是一个鲜为人知的秘密，这是一个需要反复挖掘的秘密。

——**亨利·卢云（Henri Nouwen）**

钱能买到幸福吗？

有的人相信钱能买到幸福。诚然，贫困和没有经济保障的压力会让人更难幸福。然而，一旦你的钱能够满足日常开销，且获得了一点额外的乐趣和安全感，金钱的增加就无法给你带来更多的幸福。

2010 年，心理学教授丹尼尔·卡尼曼（Daniel Kahneman）博士在普林斯顿大学领导了一项具有里程碑意义的研究，研究发现随着年收入的增加，幸福感会上升——但当年收入达到 7.5 万美元左右（现在约为 9 万美元）时，幸福感就会趋平。在这个临界

点上，他们发现收入和幸福之间没有关系。顺便说一下，这项研究还发现，"更多的钱"并不一定会导致"更多的问题"、更多的不幸福或者更多的幸福。

随后的一些研究表明，收入和幸福之间可能存在某种程度的相关性，高于卡尼曼及其同事发现的阈值，但收入对幸福度的影响几乎是微乎其微的。也就是说，较高的收入水平差异只能用来解释幸福度差异的一小部分。

在下一章中，我们将解释"奉献主义"行为如何帮助你赚更多钱，让你轻松到达甚至超过幸福收入的门槛。加洛韦曾在《幸福代数》（*The Algebra of Happiness*）中提到过对收入和幸福度的研究。正如我们前面提到的，他认为金钱只是"你笔下的墨水"，让你写下你的人生——理想情况下，能对他人产生积极影响，给你带来目标，并最终实现超越。你的"奉献主义"笔里可能有更多的墨水，在这种情况下，富有可以使你比其他情况下更幸福。另外，如果你用金钱／墨水书写一个关于自我和享乐或不帮助别人的生活故事，那么这个故事就会变成一个悲剧。我们不禁想到电影《疤面煞星》（*Scarface*）中的托尼·蒙大拿（Tony Montana），在那座装满了奢华财产的豪宅里，孤独地死去，只剩下一个"小伙伴"（他的乌兹冲锋枪）与他做伴。

喜剧演员乔治·卡林（George Carlin）曾经说过："我们用不属于自己的钱买不需要的东西，来讨好不喜欢的人。"然而，我们中的许多人相信，这种炫耀性的消费模式可能使我们感觉良好。乔治梅森大学的一项研究表明，与20世纪80年代的宿舍海报上写的"死时拥有最多玩具的人是赢家"相反，物质主义实际上会让人痛苦。**专注于得到会导致消极情绪、减少感激、降低能力和意义，并且与他人的联系也较少。研究支持这样的结论：无情的索取似乎是一个高效、完美的不幸福公式。**

伦敦经济学院的一项研究表明，即使你碰巧陷入了严重的经济困境，自愿为他人服务可以获得愉悦感和更多的幸福感。无论是不是志愿为他人服务，较低的社会经济地位都与健康状况不佳有关。然而，低收入只与非志愿者的不幸福有关。志愿者无论收入高低，都可能感到幸福。

 我希望每个人都能变得很有钱、很出名，这样他们才会知道，这些都不是人生的答案。

——金·凯瑞

为他人花钱能买到幸福吗？

就幸福而言，富有来自我们关系的质量和亲密度。培养家庭内外人际关系的方法是投资于他人的幸福。1% 的人要注意了：我们所说的对人的投资，并不是指给他们发工资，或者设法记住员工孩子的名字。我们的意思是真诚地关心和联系朋友、家人、邻居，除了金钱以外，还要给予他们你的时间和关注。

2008 年,《科学》(*Science*) 杂志发表了一项具有里程碑意义的研究，该研究还是由伊丽莎白·邓恩 (Elizabeth Dunn) 博士领导，她曾与人合著《快乐金钱：快乐消费的科学》(*Happy Money: The Science of Happier Spending*)，这项研究引起了人们对这一话题的极大兴趣。我们如何花钱至少和我们赚多少钱一样重要。研究发现，把更多的收入花在他人身上能带来更强烈的幸福感。此外，研究还发现，**随机被分配为他人花钱的参与者比随机被分配给自己花钱的参与者更幸福。**

在 2012 年的一项后续研究中，邓恩及其同事劳拉·阿克宁（Lara Aknin）博士和迈克尔·诺顿（Michael Norton）博士要求参与者回忆为自己或为他人购买的物品，然后报告购买后的幸福程度。之后，参与者被要求选择他们将如何花费一笔想象中的意外之财。**回忆起为别人花钱的参与者，与想到为自己花钱的那组相比，能立即感到更加幸福。**捐赠组更有可能在不久的将来把意外之财花在别人身上。这项研究显示出了两个关键点：①仅仅是为他人花钱的记忆就能让人感到幸福；②想到为他人花钱会让人们感觉非常好，让他们想尽快再次这样做。"亲社会支出"的幸福感创造了一个反馈回路，一个良性循环，不断向前滚动。帮助他人带来幸福；幸福带来更多的帮助。奉献主义的超级明星保罗·麦卡特尼（Paul McCartney）（又是他）唱道"我的心就像一个轮子，让我把它滚向你"，完美地描述了对超越的渴望，并配以动听的曲调。

人们被敦促"付出到受伤为止"。但事实上，付出不会带来伤害。付出，直到帮助到他人为止。

研究表明，快乐、"获胜"、收集东西、自我消费并不能产生最高层次的幸福。而给予能做到这一点。邓恩博士、阿克宁博士和诺顿博士扩宽视野，分析了来自世界各地的调查报告，样本人数为 100 多个国家和地区的 20 万人。他们发现，**在地球上的每个地方，无论收入高低，向慈善机构捐款的人比不捐款的人更幸福。**"这种相关性并非微不足道，"邓恩说，"看起来，向慈善机构捐款和拥有两倍的收入对幸福的影响是一样的。"事实上，给予使人感到富有。这就是为什么"1%"的人也热衷于慈善事业。给予是唯一能让他们感到更富有的事情。

所以，在短期内，为了感受多巴胺对大脑的冲击，你可以去商店为自己买一些东西。

从长远来看，想要每次想这件事的时候都感到更幸福，科学告诉你，你应该去商店给别人买东西。你花钱的"方式"与你花的"多少"无关。礼物贵贱都无所谓。在一项国际研究中，参与者承诺：①在四周的时间里把钱花在他人身上；②在同样长的时间里把钱花在自己身上。事实上，第一组在这段时间内总体上更慷慨，并报告说他们比第二组更幸福。通过脑部功能磁共振成像扫描，研究人员发现，无论礼物大小，仅仅是慷慨的承诺就会激活大脑的奖励中心。无论你打算送给别人的礼物是什么，只要它对对方来说是真诚且有意义的，大脑对慷慨的反应都是一样的。

所以给予的想法是关键。

如果你帮助了别人，你就不太可能为花钱而感到内疚或后悔，而如果你在自己身上挥霍，你可能会这样想。基于心理因素，内疚和后悔对某些人来说比其他人更有价值。对那些最终后悔为自己花钱的人来说，内疚抵消了购物带来的短暂快感。（如果这警醒了你，下次在亚马逊网站上点击购买按钮之前，请回味一下这段话。）

为别人付出时间和金钱你就会得到真正的满足。我们的一个朋友喜欢为她的朋友们做一些比如举办生日派对和制作手工礼物类似的事，她的这些朋友甚至都感到尴尬。"当他们说'你不必为我这样做'，我就告诉他们，我想这样做，"她说，"这是我表达爱的方式！当我为别人举办派对时，我感觉很棒。"从纯粹的生物学意义上来说，为他人做事会激活大脑的奖赏/愉悦中枢，从而产生幸福感，仅仅看着别人为慈善机构捐款就能给你带来和吃甜点一样的感觉。也许我们的这位朋友只是为了吃到蛋糕，或者可能是迷上了大脑看到蛋糕时的感觉，才举办了那么多生日派对。以上两种做法都奏效。

给予经历而非物质

另一个买到幸福的方法是把钱花在有意义的经历上。得克萨斯大学奥斯汀分校的两项研究发现，与购买物质商品（珠宝、家具、小玩意和衣服）相比，人们从体验消费（旅游、外出就餐、听音乐会和购买剧院门票）中获得的生活满意度更高。研究人员在进行有趣的体验、进行购买物质产品或不买任何东西（对照组）的过程中，调查了参与者当下的幸福感。在外面的世界与人分享经历的那组参与者的幸福指数最高。

与奉献主义的联系是什么？比方说，急速漂流的经历本身并不一定会让你长期保持幸福。积极情绪来自与所爱的人分享经历，建立联系，触发"神奇四侠"的激素在你的大脑中流动，就像你乘着橡胶筏穿过激流一样。任何加强和深化关系的活动，随着时间的推移，都将在你的生活中产生更多幸福以及让你变得更健康。

我们有一个朋友投资家庭关系，为他的整个家庭——他的妻子、孩子、父母、兄弟姐妹、侄女、侄子、姻亲——支付一起度假的开销。他很幸运能够负担得起，但正如他所说，"如果不把钱花在我们最关心的人身上，给他们留下回忆，那么赚钱是为了什么？"当他谈到第一次带父母和孩子去迪士尼，一起观赏迪士尼的惊艳场景，他如鲠在喉。"我比任何人都喜欢迪士尼，因为它惊艳了我的家人，"他说，"每当我想到这一点，我就会被幸福感再次包围，就像我第一次被它包围一样。你不可能从一件家具上获得这种满足。"

播种幸福花园

拥有像幸福这样的积极情绪属于"心理丰盈"的范畴，即在你的关系中蓬勃发展的状态和对自我身份和自我价值感到满足。

一提到"丰盈"这个词，我们会想到一粒种子长成一株结实的植物，向着太阳伸展，花蕾开放成五颜六色的花朵，强壮的茎秆在夏日的微风中轻轻摇曳，蜜蜂嗡嗡作响的画面。

知足是可以的。知足常乐就像在附近做一只青蛙。但我们真正想要的是蓬勃发展、充满生机和活力、不断生长向上伸展，就像那株植物一样。

以自己的幸福为目标，你是不会成功的。

索尼娅·柳博米尔斯基（Sonja Lyubomirsky）博士和同事进行了一项研究，研究了自我导向和他人导向行为之间的区别，以及各自对情绪和幸福感的影响。在六周的时间里，研究人员将473名参与者分成几组，让他们为他人、世界或自己做好事（对照组保持中立）。两种**利他主义的行为——对他人和世界的友好行为——都能增加"内心丰盈"**（使用一种经过充分验证的衡量情绪、心理影响和社会福祉的量表），减少负面情绪。自我关注和中性的行为并不能改善情绪、增加积极情绪或减少消极情绪。这些参与者情绪没有变化，就像一棵永远不萌发的幼苗。善待自己不会让你变得更幸福、更自信、更成功。但研究表明，寻找帮助他人的方法就像肥料和阳光一样，有助于你的情感发展。

自尊是情感层面的自信和成功的一个重要方面。讽刺的是，你通过做帮助别人能获得更多的自尊。在英国的一项研究中，研究人员招募了719名参与者，并随机给他们分配了两项任务之一，要么采取富有同情心的行动来服务他人，要么通过写下童年的经历来关注自己。在六个月的随访中，让别人感觉更好的人在幸福感和自尊方面都有了很大的提升。另一组则一无所获。

没有人会说，"不要自省"或"不要写那本回忆录"。如果你心中有一本回忆录，也许应该把它写出来。但请记住，正如这项研究结果表明的那样，写下你的过去并不一定会提升你现在或未来的幸福度，只有行动起来去帮助别人才会。

老年的快乐

变老在某些方面可能不是一件值得开心的事，尽管如此，如前所述，你可以通过关注他人来抵挡岁月的摧残。你也可以用同样的方法来振奋情绪、提高幸福感。杜克大学对参加"成人生活中的社交网络"全国调查的 689 名老年受访者的数据进行了研究，发现向朋友和孩子提供社会支持（帮助和关心）与获得社会支持（来自配偶或兄弟姐妹的支持除外）相比，更能带来幸福感。

回复：配偶和兄弟姐妹关系。如果你们抓住每一个机会互相帮助，你们都会在身体层面、精神层面和情感层面受益，你们的关系也会得到加强。只是指出证据而已，不必内疚，只需相信科学。

这里有一个鸡生蛋还是蛋生鸡的问题：幸福和成功，谁先谁后？

答案：你不是因为成功而幸福，你是因为幸福才成功。

这可能与传统的成功观相悖。但是，正如我们将在下一章向你展示的那样，你所接受的所有关于所谓成功教育实际上都可能是错误的。

有三种方法可以抵达成功的彼岸：第一种方法是与人为善。第二种方法是与人为善。第三种方法还是与人为善。

——弗雷德·罗杰斯（Fred Rogers）

第九章
通过服务他人获得成功

我们清醒时花在工作上的时间最多。"作为成年人，工作占据了我们生活。从 21 岁到 70 岁，我们的一生都在工作。我们的睡眠时间、与家人在一起的时间、吃饭时间、娱乐时间和休息时间都不如工作时间多。"洛约拉大学商学院教授阿尔·吉尼（Al Gini）在《商业伦理杂志》（*The Journal of Business Ethics*）上写道。

不幸的是，在大约 49 年的职业生涯中，我们中的许多人都处于持续的压力之下。我们是否足够努力、能否取悦上级以及能否赚到足够多的钱？我们的美国理想是奋斗，争取获得更多。现在，只做一份工作是不够的，你也得有副业。如果你不这样做，在其他人攫取潜在成功和财富时，你就会错失机会。我们工作、工作，再工作，因为我们知道，如果我们不工作到精疲力竭，别人就有可能取代我们。

雄心勃勃和过度工作的文化在背后驱动了我们当前定义的经济"成功"。对很多人来说，这就是我们所知道的一切。但是，这种埋头苦干的状态让我们感到幸福了吗？我们的工作做得更好了吗？作为一种文化，我们生活在边际效用递减规律中——我们做的工作越多，我们过得可能越差。

根据美国心理学会心理健康工作环境项目的数据：

- 33%的美国雇员长期工作过度。

- 20%的雇员报告称犯过严重错误。

- 83%的雇员即使生病也会上班，因为工作量很大，而且他们认为休假是"有风险的"。

过度工作对人际关系的影响是毁灭性的，而人际关系是奉献主义的关键因素，从长远来看，奉献主义给人带来幸福感和满足感。工作和生活的天平已经倾斜到错误的一边。根据相同的美国心理学会数据集：

- 83%的雇员在休假期间每天至少查看一次工作电子邮件。

- 52%的雇员表示，他们的工作干扰了个人生活或家庭生活；43%的雇员认为他们的家庭干扰了他们的工作表现。

- 31%的成年人承受着平衡家庭和工作责任的压力。

- 工作和家庭需求之间的冲突会降低生活满意度、带来情绪困扰。

我们已经习惯于相信，我们与同事处于不断的竞争中，老板必须态度强硬，才能最大限度地发挥我们的作用；为了发展，公司必须专注于利润。

然而，这些都不是真的。碾压对手，成为"赢家"，赢得一切，这可能是美国人对成功的定义，但利己主义的自我关注——作为个人和公司——与服务他人是对立的，因此是极不健康的，也不如想象中那么有利可图。

在某一领域，真正的成功意味着掌握技能，即该行业的"科学"。通过培养这些科学技能，你将用来服务他人，包括那些你可能花更多时间与之相处的人（你的同事和经理），从而找到参与感（心流）和满足感。努力获得认可和成就——而不是投入工作或用你的技能帮助别人——显然是自我关注。尽管研究表明，利己主义的奋斗者很难到达金字塔的顶端，但如果他们无视数据，只是一味往上爬，光是看看他们在登峰路上踩过的人，他们就不太可能感受到满足感或幸福感。

通常情况下，"成功"的人实际上是悲惨的。《继承之战》讲述了一个疯狂的富豪家族，这个家族控制着一个媒体帝国，夸张地表现了利己主义的成功陷阱。罗伊家族为人两面三刀、冷漠，整日哭哭啼啼，自艾自怜。没有满足感的"成功"根本就不是真正的成功。如果一个人享有权力和财富，却不去书写一个服务他人得到回报的故事，他们就浪费了自己的成功。这就导致了一种叫作"灵魂腐烂"的情况。后果：贫穷。当《继承之战》中罗伊家族的人为了更多的权力而自相残杀时，根据世界银行的数据，世界上近 46% 的人口每天的生活费不到 5.5 美元。在我们努力达到下一个收入门槛、下一次晋升的过程中，我们常常忘记换位思考。你生活的当下或许就很好。如果你想知道为什么你没有取得更多的成就或为什么陷入了困境，可能是由于你的生活没有以他人为中心。数据表明，自利会阻碍人们事业的发展。

强调你的成功目标有一个巨大的劣势。《幸福的优势》(*The Happiness Advantage*) 一书的作者肖恩·阿克尔 (Shawn Achor) 在他的演讲中说，我们搞反了，我们认为成功会带来幸福。但事实恰恰相反：幸福带来成功。根据他的研究，外部世界（你的奖励、薪水、职位）只能带来 10% 的长期幸福。90% 的幸福来自积极的态度，比如乐观和无私。

正如阿克尔解释的那样，"努力工作＋冷酷无情＝更多的成功"这个等式并不成立，你每经历一次胜利，你的大脑就会移动一次目标。你总是在提高成功的标准。你达到了销售目标！太棒了！但现在你必须设定一个新的、更大的目标，才能感受到同样的成就感。阿克尔说："如果把幸福放在成功的对立面，你的大脑将永远不会满足。""作为一个社会，幸福已经超出了我们的认知。这是因为我们认为，只有成功我们才会更幸福。"

事实上，如果我们过得幸福，我们就会获得"幸福优势"，即更高效的大脑、更充沛的精力和创造力，以及更少的压力——这些都是我们工作成功的因素。从幸福出发，可以提高业务成效。阿克尔的数据显示，当大脑处于积极状态时，工作效率会比中性或有压力时提高 31%。我们同意他的发现，在积极的心态下，医生的工作效率提高了 19%，诊断也更准确。

这一切与"奉献主义"行为有什么关系呢？我们知道，关注他人会让你更幸福、更满足，对生活更满意。所以，先幸福起来，成功自会翩然而至，科学表明服务他人是辉煌事业的起点。

有施散的，却更富有；吝惜过度，反致贫乏。

——《箴言》

成功的诱因

我们喜欢关于孩子的研究。成人有很多负担，作为研究参与者，他们的过往经历会影响他们的反应。但孩子们是纯粹的。他们的行为更多是天生的，而不是条件反射。意大利的一项纵向研究，研究了三年级学生善良天性和之后的学习成绩之间的关系。研究人员要求教师和同学对受试者的亲社会行为（合作、帮助、给予、分享和安慰）和反社会行为（言语或身体攻击、破坏和自私）进行评分。当研究人员在五年后进行跟踪调查时，与反社会的孩子相比，那些以前在给予行为方面评价较高的八年级孩子平均学习成绩更好，并且拥有更稳固的友谊。具体来说，他们发现**学生在三年级时对他人的善意解释了学业成绩 35% 的差异，以及八年级时社会关系 37% 的差异**。虽然这项研究无法保证 8 岁时善良的孩子在 18 岁时能进入哈佛大学，也无法保证初中时名列前茅的孩子到了高中依旧名列前茅。但是，作为一个善良且愿意与他人建立情感联系的孩子，我们确实可以保证他在青春期早期取得好成绩以及交到朋友，研究支持这样的结论：善良带来幸福，幸福敲开成功的大门。

发表在精神病学领域期刊《美国医学会杂志——精神病学》（*JAMA Psychiatry*）上的一项纵向研究追踪了从 1980 年到 2015 年的 3020 名加拿大幼儿园儿童，旨在了解他们早期的社会发展是否对他们未来 33 ~ 35 岁时的收入（传统的成功衡量标准）有影响。最初，教师对孩子们的社会行为以及注意力和焦虑进行了评分。几十年后，现在三十多岁的女性参与者如果当时是不专心的孩子，收入就会略低。但最惊人的发现是在男性参与者身上。**在男性中，控制了智商和家庭背景等因素后，6 岁时对他人的善意每增加一个标准差，33 ~ 35 岁时的年收入便会增加 6%。在整个职业生涯中，如果这种关联持续下去并逐步加深，就会变成一笔巨大的财富。**

 这么丑的衣服我还是头一次见。

——蕾吉娜·乔治（Regina George），

电影《贱女孩》中的角色

2004 年，蒂娜·菲（Tina Fey）担任编剧并出演的校园喜剧片《贱女孩》成为一种流行文化现象，因为它挑战了一种观念：要想受欢迎（即被接受和被尊重），你必须成为校花乔治那样的人，在虐待和恐吓别人的同时自己黯然神伤。但是，如果我们真心希望我们的青少年在社会上取得成功，我们应该先教会他们与人为善（而不是教他们"攫取"；不要这样做！）。想要受人欢迎，得先学会伸出援手而非威胁恐吓。加州大学河滨分校分别在温哥华的 19 个教室对 9 ~ 11 岁学生进行了纵向研究，将参与者随机分为几组。**其中一组被要求在四周内每周做三次好事；另一组是对照组，没有硬性要求。与对照组相比，做好事的组，同伴接受度（受欢迎程度）明显提高。**社会地位的提高能带来其他好处，比如学业的成功和减少校园霸凌的可能性。

如果我们希望我们的孩子取得学业成功，我们就应该教会他们优先考虑帮助他人。安吉拉·达克沃斯（Angela Duckworth）博士是《坚毅：释放激情与坚持的力量》（*Grit: The Power of Passion and Perseverance*）一书的作者，她和同事将 1982 名公立高中学生随机分组，一组负责给低年级学生 8 分钟的励志建议（比如如何停止拖延），另一个对照组则不给建议。前者在该学期的数学和其他科目上都取得了更好的成绩。如果给青少年一个支持他人的角色，他们可能会自我感觉良好，在社交和学业上表现也会很出众。8 分钟的干预可以提高整个学期的成绩，这是一个令人意外的结论，但通过这项研究，我们找到了一个有效提高学习成绩的方法，即把人放到服务的位置上。

所有这些研究加在一起，表明了像孩子一样利他（不是因为自我需要或内疚，而是因为利他让人幸福）可以对人际关系和未来的成功产生长期的积极影响。

好人（终）有好报

你是否需要成为一个以自我为中心的人才能达到顶峰？我们知道，关注他人是通往幸福的大道，但会不会把你变成进退维谷的中层管理人员？

人们对那些在公司快速晋升的人或成功的企业家有这样一种刻板印象：他们是十足的掠夺者。他们会不惜一切代价摧毁一切来实现自己的目标。很多人的脑海中都会浮现这样一幅漫画：一个邪恶、狡猾、贪婪的反派，比如《辛普森一家》（*The Simpson*）中的查尔斯·蒙哥马利·伯恩斯（Charles Montgomery Burns），他用阴险的声音嘟囔着："太棒了，史密瑟斯！放猎犬！"我们已经习惯于相信，只有自私、好斗和善于操纵他人（"讨人厌的性格"的三个特征）的人才能出人头地。虽然在你的脑海中，伯恩斯是"混蛋混出头"的典型，但那些职场恶棍实际上只是例外，并不是普遍现象。

正如我们将向你展示的那样，在专业领域，不友好和获得权力之间没有联系。事实上，最有可能站在成功之巅的人是那些善良、慷慨以及有同情心的奉献主义者。这点并不难理解。如果你的同事喜欢你，他们会为你的成功而高兴。冷酷无情的自大狂当然有可能成为老板。但并不容易。

每个办公室（以及美剧《办公室》）都有一个德怀特❶潜伏在

---

❶ 美剧《办公室》中的人物。

周围，密谋权力游戏。通过对邓德·米夫林公司（Dunder Mifflin，位于宾夕法尼亚州斯克兰顿的一家小纸业公司）的权力动态进行多年观察，我们已经知道，为自己而努力（或拍老板的马屁）不会助你升职或让你受欢迎。

加州大学伯克利分校哈斯商学院开展了两项纵向研究，研究人员考察了成为一个有攻击性、自私且控制欲强的人是否真的能帮助自己获得权力。研究人员测量了参与者在进入劳动力市场之前的"不合群性"。经过 14 年左右，研究人员跟踪调查了这些人的职业发展状况。控制性别、种族和企业文化等变量后，研究人员发现，**不合群的受试者在工作中并没有得到晋升。慷慨且外向的人最终得到晋升。**主导性和攻击性行为可能反映了参与者对权力的渴望。但是，由于他们没有与同事建立密切关系，对同事也不大方，他们的渴望终成泡影。争强好斗不能帮你换到更大的办公室，花时间与同事相处才能。给同事们发送生日贺卡、无偿与人分享功劳、帮助其他团队在最后期限前完成工作，即使你没有得到任何荣誉。如果你忽视了这些细节，而被列入你同事的黑名单里，不要感到惊讶。但如果你是一个奉献主义者，当你成功时，你就会得到同伴的支持和掌声。你只有两个选择：阻力还是助力。

1958 年，社会心理学家埃德温·霍兰德（Edwin Hollander）提出了"性格信用"（idiosyncrasy credits）一词，解释了不墨守成规的人如何在群体中获得成功和影响力。它是一种给别人留下积极印象后的善意积累。如果别人认为你很有价值，他们就会欣赏你，即使你比他们优秀，或者你的举止与他们不同。

在一个期望人们为自己而努力的企业文化中，最慷慨的人会积累性格信用，最终帮助他们登上人生巅峰。肯特大学的三个实验研究了给予行为是否会影响一个人在群体中的地位。第一个实验是一个"合作游戏"，给每个参与者一小笔钱，让他们捐给一个共享基金会。然后，研究人员说他们将把基金数额增加一倍，并在参与者之间平均分配。如果你把所有的钱都捐给基金会，那么这个团体就会受益。但是，如果自己留着钱，团体的金额减少，但你仍然会得到你的那部分分红。你也会成为一个自私自利的混蛋，有些参与者正是这样做了。在下一个实验中，**参与者必须分组并选出各自的领导。在 82% 的情况下，他们选择了在先前实验中表现最慷慨的人作为团队领导。因此，那些把钱捐出去的"笨蛋"被安排负责那些不捐钱的混蛋。**如果人们看到了你的慷慨行为，你在他们心中的地位就会提高，他们也会支持你的事业。

嫉贤妒能的人会设法把能者拉下马。但除非能者也是奉献者，使嫉妒之人也喜欢他们，甚至帮助他们，就像"你很特别，你喜欢我，所以我也一定很特别"。在明尼苏达大学的一项研究中，研究人员调查了认知能力（聪明）和工作中的受害情况（受到骚扰）之间的关系。正如预测的那样，聪明人确实受到了一些伤害。办公室里那些有天赋的人，如果他们不善言辞，冷眼旁观，往往会惹恼那些乌合之众，致使自己的受害程度加深。他们的权力可能会变大，但仍然遭受嘲弄。那些有智力天赋的人，如果能在团队中以随和的态度工作，就会得到大量的性格信用，而且不太可能被取笑。

所以，现在，你可能在想，慷慨和随和是出人头地的方法！所以我要去买咖啡，给每个同事写生日贺卡，看着自己这颗冉冉的新星升起！别着急。给予行为背后的动机很重要。如果你只是为了出人头地，你肯定会竹篮打水一场空。

格兰特研究了哪种动机最能激发人们的工作效率，发现并不是对荣誉的渴望。在一项研究中，格兰特和他的团队测试了一个面向他人的任务（例如，"让我们大干一场，因为我们是在做好事！"）是否能鼓舞员工并提高生产力。在呼叫中心，任务的意义性确实能提高大学奖学金筹款人的工作绩效，只要他们与奖学金受益人交流 5 分钟。与一组阅读受益人信件的呼叫者相比，直接与本人互动的呼叫者，更有毅力从潜在捐赠者那里获得资金，与他们通话的时间长了 142%，筹集的资金多了 171%。其他组则表现平平。另一个实验集中在游泳池的救生员身上。那些读过其他救生员救人故事的人，对自身的社会影响和对社区的价值有了更多的认识，这使他们的帮助行为提高了 20% 以上。打电话的人和救生员的动机不是成功，而是为了帮助他人。科学研究支持这样的观点：受到意义而非成功所激励的人更容易成功。

给得多，赚得更多

职业发展是一回事。但让我们看看我们很多人真正关心的东西：收入。给予行为会增加你的收入潜力吗？这个问题听起来就很反直觉。但科学研究表明，"奉献主义者"和赚到更多钱之间有很强的联系。

最近的一项研究旨在确定愤世嫉俗型的人（目光短浅、把人往坏处想、完全悲观、不相信任何人）是否更有可能放弃与他人（不那么愤世嫉俗的人所喜欢的人）合作的宝贵机会。研究人员从对美国人愤世嫉俗水平的纵向调查中收集数据（例如，他们是否认为人类在本质上是不可信任的？），然后在一段时间内跟踪他们的收入后发现，**基本上说"人很坏"的参与者比说"人很好"的参与者收入低**。假设愤世嫉俗的人可能不是热情的给予者，这只是一个小小的逻辑跳跃。首先，他们显然没有给他们的同伴做无罪推定。**消极的假设以及其对应的较低收入，表明憎恨者和负能量者赚不到大钱**。我们可以假设，那些乐于假定别人是好人的人，除了收入更高，也会有更积极的影响——获得更多的幸福感。再次强调，幸福带来成功，反之则不然。

你可能认为，与其把钱给别人不如留给自己，这样就会有回报，但南卡罗来纳大学的一项研究推翻了这一理论。研究人员利用专题组的代表性数据集发现，**那些给予和服务他人的人往往比自私的人有更多的孩子和更多的收入。至于人们为什么坚持利己主义，即使对他们来说没好处：理论是，他们已经习惯于相信自私才能赚得更多，尽管个人经验与此相反，他们也不会改变**。

经济学家亚瑟·C.布鲁克斯（Arthur C. Brooks）博士，也是哈佛大学教授和美国企业研究所前所长，他分析了 2000 年社会资本社区基准调查的数据，发现有确凿的证据表明，捐钱可以使人们更富有。正如他所说的："假设你有两个相同的家庭——信仰相同的宗教、属于相同的种族、拥有相同的子女数量、住在相同的城镇、拥有相同的教育水平——一切都相同，除了第一个家庭比第二个家庭多捐 100 美元给慈善机构。之后，捐赠的家庭将比不捐赠的家庭平均多赚 375 美元，而这在统计学上可归因于捐赠行为。"他认为富裕的公式始于幸福。捐赠使人幸福，而幸福的人渴望为团队的利益做出贡献；他们的压力感和倦怠感较低，因此他们的生产力更高；他们身体素质更好，因此工作频率更高，工作时精力旺盛。因此，他们更有可能升职加薪。无论是从字面意义还是从比喻意义上讲，奉献都能让你更富有。

挣得更多的一个方法是谈判。而且，正如你现在所预期的那样，只为自己而战的谈判者最终不太可能得到他们想要的东西。**荷兰的一项对 28 项研究的元分析发现，与那些拒绝让步的谈判者（比如说"要么听我的，要么走人"）相比，那些不那么爱争吵、主动试图为谈判另一方解决问题的谈判者实际上为双方都带来了愉快的结果。**研究表明，最优秀的谈判者除了帮助自己，还希望帮助另一方，把馅饼做大，实现真正的双赢。

你坐在驾驶座上并不意味着你可以开车撞别人

在我的生活中，我们会从父母、导师和公众人物那里听到许多关于如何表现的话语。从伟大思想家的励志名言出现在本书的方式上，你就可以看出我们多么欣赏这些励志名言。领导力似乎是一个特别的领域，你可以应用这些名言的原则，尤其是当它们是关于服务他人的时候。

近年来流传的一句话是："人们辞掉的不是工作，而是老板。"不用说，专横的领导者并不关注如何设身处地为他人服务。但他们是一开始就不随和、高度自私自利、不关心他人，是权力改变了他们吗？

拉斯穆斯·霍高（Rasmus Hougaard）是《富有同情心的领导：如何以人性化的方式做艰难的事情》（*Compassionate Leadership: Doing Hard Things the Human Way*）一书的作者。他参与撰写了一篇关于"傲慢综合征"的文章发表在《哈佛商业评论》上，这种现象最初由英国医生和国会议员大卫·欧文（David Owen）提出。傲慢综合征是一种精神障碍，发生在那些长期处于巨大成功的权力者身上。在高层待的时间太长，加上所有的压力和责任，会改变人们感受同情和同理心的能力。巨大的成功可以重塑权力者的大脑，让他们不再那么关心他人。这叫作神经硬化。逆转神经硬化的唯一方法是练习同情心或拥有"为他人的快乐和幸福做出贡献的意图"，霍高写道。习惯性同情可以应对傲慢带来的同情心丧失。由于同理心是一个领导者的基本技能，积极主动使用同情心使权力者能够重新建立与他人的联系，并在工作上表现卓越。

"永远别让人看出你的焦虑"是一句谚语，说的是让人们认为你比实际上更勇敢或更冷酷。人们在工作中运用这句话来提升他们的能力形象。对领导者来说，更有用的说法是"不要让他们看到你像个混蛋"。根据西华盛顿大学的一项研究，**当领导者表现出"消极的情绪基调"——愤怒或悲伤时——他们的下属会认为老板的效率较低。下属对老板的敬重度会明显下降。**当老板表现出中性的情绪时，员工对其能力的评价并没有下降。一项有趣的（关于性别歧视的）发现：表现出悲伤的男性老板的效率评价要低得多，也许是因为在文化上，表现出悲伤的男性就会被认为是弱者。如果女性老板表现出悲伤或愤怒，她们的评级也会受到影响。除非女性表现出积极或中立的态度，否则她们就会在一定程度上失去员工的敬重。对于男性和女性老板来说，在工作中隐藏自己的真实情绪是一种负担。消极地表达自己可能会得到宣泄，但会对他人产生不好的影响。另一种利他主义的方法是把员工的感受放在首位，等员工离开办公室后再生气、乱扔东西或哭泣。

我们喜欢的另一句领导力箴言是"反馈是一种礼物"。老板的主要职责之一是告诉自己的员工他们做对了什么（积极的反馈，如表扬、强化和祝贺），以及他们做错了什么（纠正性反馈，如指导、建议和批评）。为了教育他们，你必须进行纠正，但给予负面评论并不是一件容易的事。这可能会让人感到尴尬、别扭，而且可能会影响员工情绪。人们可能会感到受伤。领导力发展咨询公司曾格 / 福克曼（Zenger/Folkman）的首席执行官和总裁杰克·曾格（Jack Zenger）和约瑟夫·福克曼（Joseph Folkman）对近九百人进行了调查，了解他们是否避免（或预先接受）消极（或积极）的反馈。**57% 的人说他们更喜欢接受纠正性反馈；**

72% 的人认为如果老板多给他们反馈，他们的业绩就会提高。然而，曾格和福克曼也发现，领导者会尽量避免给予员工负面反馈。在领导者看来，批评他人等同于折磨自己。但他们的员工却希望听到批评。

在一项针对医学生的研究中，参与者被分为两组。一组接受了关于如何打手术结的具体、建设性的批评。另一组只从他们的老师那里得到了常规的表扬。接受了具体批评和改进建议的学生表现更好，并报告出了更高的满意度。至于刚刚被表扬的学生？表现没有提升，满意度也是持平。作为患者，你想让哪组学生帮你缝合伤口，是真正被教导过的学生，还是总是被拍肩膀夸奖的学生？

那些不那么自恋的人都明白，毫无根据的赞美是空洞和毫无意义的。尽管如此，一个利己主义的老板可能会避免批评，以避免自己可能会让别人感觉不舒服的情况。一个利他主义的老板明白反馈是他们能给予员工的宝贵礼物。用你的光芒照耀他们，对他们的工作做出诚恳、及时、具体、清晰的评价，他们会成为更幸福、更成功的员工，而你也会成为一个真正的领导者。另外，当你赞美别人的时候，要当众赞美。自豪感能让人表现更好。当你批评别人的时候，最好私下进行。羞辱对任何人都没有好处。

下面这句话来自马兹的妈妈："永远不要让借口毁了道歉。"当老板或同事试图用自利主义（"但这不是我的错"）来缓和"我很抱歉"时，道歉就变得毫无意义，并可能引起反感。道歉的重点是让别人感觉更好，而不是为自己辩护。在不宽容的老板管理的让人不愉快的工作场所，找借口是非常普遍的。同事们觉得他们别无选择，只能收起锋芒以保住自己在公司的位置。但即使是小孩子也知道，借口是以自己为中心，而真诚的道歉是以他人为中心。英国的一项研究让 120 名 4 ~ 9 岁的孩子对人们违反规则的故事做出反应，其中这些违规者有的道了歉，有的给出了借口，或者有的根本没有任何解释。孩子们认为，无论如何，违规者应该面临同样的后果，但他们普遍对道歉者的反应要积极得多。孩子们认为直白且真诚的道歉是为了维护社会地位做出的一种坦率的弥补（正如科学家们所定义的"亲社会动机"）。找借口是不道德的，是为了自我保护。老板和同事都会认为：如果你搞砸了，说对不起是你为他人服务、赢得性格信用的方式，可以让你少犯错误。

我们的同事医学博士汤姆·雷贝奇（Tom Rebbecchi），也是一名库珀医院的急诊医生，总是说："你口袋里只有这么多硬币。"所以，如果你在忙碌的急诊科轮班开始时，与另一位医生或护士争吵，把你的能量硬币花了，到最后你会精疲力竭，没有精力去做你真正需要做的事。有的员工会跑到马兹这儿抱怨自己的同事（如果医生忙碌起来，不仅没有时间帮助你，甚至可能会变得暴躁），这时马兹就会问："那么我们是否应该把他们叫过来，把'剑'拿下来？你想要'割下他身上的一磅肉'（pound of flesh，指不顾别人痛苦而坚决要求的应得的东西）吗？"

他们像看疯子一样看着马兹，说："呃，不，不用了。他们没那么坏，只是很忙。没关系。当我没说。"突然间，抱怨的医生在为他们刚刚生气的人辩护。马兹引导他们产生同理心和联系，这么做对每个人都有好处。通过化解紧张局势，领导者们开始关注他人。通过同情来节省员工的精力，并劝阻他们不要把精力浪费在烦恼和愤怒等负面情绪上——他们可以提高工作效率。

著名的"饼干研究"就是一个很好的例子。社会心理学家罗伊·鲍迈斯特（Roy Baumeister）博士和他在凯斯西储大学的团队指示他们的大学生参与者在去实验室做实验的前三个小时不要吃东西。饥肠辘辘的参与者被随机分为三组：第一组，给一盘巧克力饼干，但不能吃，一盘萝卜，他们可以随意吃；第二组，给他们同样一盘饼干和萝卜，但告诉他们两盘都可以随意吃；第三组，不给任何食物的对照组。

接下来，三组人都被要求解决几何难题。他们当时不知道这些题是无解的，这是社会心理学家用来测试毅力的一种方式。第二组可以自由地吃饼干和萝卜的人，他们在近 19 分钟内平均尝试了 34.3 次才放弃。对照组在放弃前的近 21 分钟内尝试了 32.8 次。至于只允许吃萝卜的第一组？他们只尝试了 19.4 次，在 8 分 30 秒内就放弃了。

为什么吃萝卜的人放弃得更快？为了不去吃那盘饼干，他们的精力都耗尽了，以至于没有任何精力去解决这个无法解决的难题。那些不用消耗能量去克制的小组，有更多"硬币在他们的口袋里"，他们可以尽最大努力去解决这个难题。

作为一名领导者，你的工作是专注于让员工的口袋里有钱，而不是用消极的态度在他们的口袋上剪开一个洞。幸福使人精力充沛，使人卓越，使人自豪，使人幸福，使人成功。

热心：一个成功的故事

如果以文化为指导，那么大男子主义的原型——高大、粗犷、好胜、自我——在外表上最吸引女性。在电影中，女人们会被情感上冷漠、不关心她们、对她们不好的男人迷住。但在现实生活中，难道女性喜欢男性表现得像个自私的混蛋吗？

萨拉·康拉斯（Sara Konrath）博士和宾夕法尼亚大学的费米达·汉迪（Femida Handy）博士最近进行了三项研究，旨在了解行善是否会增加外表的吸引力——这些研究人员称之为"好看的给予者效应"。在第一项研究中，131人对 3000 名老年公民进行了观察，并对他们的外表吸引力进行了评分。尽管评分者在评分时并不知道这些老年人的捐赠行为（他们不知道这些数据），但那些自愿为他人服务的老年人被认为更具吸引力。即使在对年龄、婚姻状况和身体健康等因素进行分析调整后，捐赠行为和吸引力之间的联系仍然保持一致。第二项研究的重点是青少年和青壮年。

那些在青少年时期慷慨大方、自愿为他人服务的人在成年后被认为更有吸引力。（同样，给外貌评分的人对这些年轻人多年前的捐赠状况一无所知。）更重要的是，当研究开始时，那些被评为最迷人的青少年往往会随着他们的成长而变得愈加慷慨。

第三项研究分析了威斯康星州进行的一项为期54年（1957年至2011年）的大型纵向研究的数据。在外表吸引力这一项上，研究人员收集了过去更多的数据——他们从1400多名原始研究对象中提取了1957年的照片，并对他们在青少年时期的外表吸引力进行了评级。1957年，那些被认为更具魅力的青少年最有可能为有价值的事业捐款，这项研究收集了长达40年的后续数据。但这还不是全部。研究人员还发现，在步入中年后，那些在金钱上最慷慨的人也被认为在外表上更有吸引力。在别人眼中，作为一个给予者到底是如何转化吸引力的，即使那个人对你的给予行为一无所知？

康拉斯和汉迪考虑了一种叫作"光环效应"的现象。美貌本身会使其他人将其与积极的特征联系起来——聪明、高道德标准、良好的社会技能。正如我们所讨论的那样，从原型来看，反派是一个丑陋的恶魔，而英雄则是一个有吸引力的王子或公主。因此，有吸引力的人在生活中获得了很大的优势。他们赚得更多，有更广泛的社交圈，这可能解释了为什么他们是给予者（有更多钱可以给予，有更多朋友可以帮助）。但他们的研究通过调整对收入、性别、婚姻状况、身心健康和宗教参与情况的分析，纠正了对美貌的偏见。因此，事实上，给予者服务他人并不仅仅因为自身生活富裕、健康和幸福。此外，在所有三项研究中，外貌吸引力的评估者都对受试者的捐赠行为一无所知，因此，潜在的偏见来源（在评估他们的吸引力时知道他们是否是捐赠者）也得到消除。

我们不禁想起大卫·布鲁克斯的言论，他说，奉献主义者内心散发着一种光芒，这对朋友、陌生人和心理学研究吸引力评分者来说都是显而易见的。康拉斯和汉迪也得出了类似的结论。给予的行为对你的身体、精神和情感健康都非常有益，会让你明眸善睐、容光焕发，连笑容都闪闪发光。他们写道："利用现有的证据，我们发现在今天做好事确实有可能让你在明天看起来更漂亮。"

如果你是单身，正在寻觅伴侣，经过一个月给予行为后，重新拍一张头像。它可能会给你带来更多的关注，更多人愿意跟你打招呼和聊天。或者，如果你正在用传统的方式寻找爱情，不要再把钱花在肉毒杆菌和面部护理上，把钱花在为他人服务的事业上，你可能会在派对和聚会上吸引更多的目光。

引用希腊诗人莎孚（Sappho）的一句话："美丽的人是善良的，善良的人很快也会变得美丽。"

相反，引用我们一位从事美容行业的朋友的话："人品差的人长得再好也没有吸引力。"

好公司

我们并不是要用数据来压你，但有大量的数据表明，有道德的公司关心员工福祉和发展，不道德的公司只关心利润和股价，前者比后者能获得更多利润。这是有道理的：得到组织支持的员工更忠诚、更有动力和效率，这对公司的利润来说是一种福音。

来自美国心理学会心理健康工作环境的更多项目报告：

- "出勤主义"（带病仍感到有压力）造成的生产力损失是"旷工主义"（请病假）的 7.5 倍。

- 员工留在一家公司的五大原因是：令人兴奋和具有挑战性的工作；成长机会；高质量的同事；公平的薪酬；以及支持性管理。

- 员工士气高的公司与员工士气低的公司在同一领域的表现几乎是 2.5 : 1。

- 高士气公司的估值是中低士气公司的 1.5 倍。

- 与那些在员工培训上投入较少的公司相比，那些为员工提供大量培训的公司表现优于市场平均值（回报率高出86%）。

- 高增长和高盈利的公司为员工提供更多的成长和发展机会，与那些让员工自生自灭的公司相比，前者的员工敬业度要高 20%。

- 拥有最有效、最健康计划的公司，每位员工的收入增加了

20%，市值增加了 16%，股东收益增加了 57%。

罗纳德·里根（Ronald Reagan）和比尔·克林顿（Bill Clinton）都曾在"坚毅桌"（Resolute desk）❶上放了同样的标语牌，上面写着："不在乎功劳的人不可限量。"马兹和他的联合首席执行官凯文·奥多德（Kevin O'Dowd）也把这个标语牌放在了自己的办公桌上。在相互协作、鼓舞人心的环境中，员工不会在乎谁获得个人荣誉。他们这么做不仅仅是为了自己。只要知道你是团队的一分子，是为了更大的利益而互相帮助，这本身就是一种奖励。

格兰特做了大量的研究，证明给予能让人更幸福，而幸福能提高表现、促进成功。他还发现，以他人为中心的支持性环境能激发创造力，激发内在动力（因为你关心自己在做的事情，所以你会变得更高效）。通过问自己"我的工作如何影响他人？"鼓励人们往更大的方向想，提出更有创意、更有用的想法。这样做与个人的荣誉无关，与服务他人有关，因为做好事让人感觉有意义和满足。

温情上午工作环境会促使员工提高"奉献主义"能力。在剑桥大学的一项研究中，111 名在企业工作人员被随机分配为"给予者""接受者"和"对照组"。在 4 个星期的时间里，给予者

❶ 美国总统的办公桌。——编者注

为特定的接受者们做了五件善事。（对照组什么都没做）虽然接受者在短期内（以工作能力和自主权衡量）和长期（以自我报告的幸福感衡量）受益，但给予者的受益更大。**研究结束后的两个月，给予者的抑郁程度降低，对他们的工作和生活更加满意。这个实验的真正魅力在于：研究发现，接受者被给予者的善举所鼓舞，而且随着时间的推移，与对照组相比，他们自己的奉献行为增加了 278%。**参与者们开始不遗余力地相互服务。如果有什么不同的话，他们可能已经变成善良的竞争。在这样的环境中工作，谁会觉得沮丧呢？

罗格斯护理学院的一项研究收集了 686 名注册护士的数据，这些护士来自美国 14 家急症护理医院的 82 个外科医疗单元，数据所涉及的时间为 8 个月，旨在计算他们对每 1000 名患者的用药错误数量。在一个支持性的实践环境中工作与错误拦截（在错误发生之前阻止错误）有关。当护士在工作中感受到同事、文化和管理层的支持时，他们会减少犯错，并能发现彼此的错误，这样做可以挽救生命。

奉献主义的工作场所促进了协作，当人们发现寻求帮助很容易而且很合适时，他们就会减少犯错，这显然有利于提高公司的赢利能力和声誉。我们的同事雷贝奇博士在急诊科还有一句最爱说的话："永远不要独自抬棺材。"其意思是，如果你在一个奉献的环境中工作，寻求帮助的门槛应该很低。这就是这句话所要提醒我们的。当你面对一个具有挑战性的重症患者病例时，如果更多的人参与进来，错误就会得以发现，最终带来更好的治疗结果。如果不好的结果真的发生了，至少你知道你已经尽力了，并且也会有人帮你分担后果。

请多一些同理心！

我们讲过换位思考的内在动机。这里有一种观点：《华盛顿邮报》在新冠疫情期间的一项分析发现，六分之一的美国人没有足够的食物。六分之一！在世界上"最富有"的国家之一！让我们缓一缓。与此同时，站在金字塔尖那 1% 的人群在新冠疫情期间实际上比以往任何时候过得都要好。

这就引出了一个问题：我们是否有了错误的系统、错误的"梦想"？加洛韦不这么认为。他认为我们有正确的系统，只是执行时出现了错误。加洛韦在他的新书《疫后大未来：谁是大赢家？》（*Post Corona: From Crisis to Opportunity*）中说："资本主义除非建立在对他人的同理心基础上，否则就会失败。"

在资本主义中，公司失败是意料之中的。公司之间的竞争刺激创新和繁荣。这就是系统的运作方式。所以加洛韦认为，我们不应该同情企业。但我们需要确保，作为一个社会，我们不会让人们失望。他说，美国资本主义的问题在于："我们决定保护的是公司，而不是人民。资本主义终会崩溃，除非它重建同理心的基础。"为了解决这个问题，我们需要从大繁荣中拿出一部分来帮助人民。

加洛韦写道："如果我们不携手共进，不表现出更强烈的同情心，不着手保护人民，反而保护公司，资本主义就会崩溃。""资本主义不是逐步演进的。资本主义的核心必须是对他人有同理心。"

为我们的生活注入同理心是"奉献主义"的忍者行为。研究表明，通过奉献主义行为，我们会赚得更多；更具想象力、生产力和创造力；犯错更少；更好地和同事交朋友。如果我们照耀别人，而不是为了自己的荣耀无情地攀登成功的阶梯，就能给我们的领导留下深刻印象。简而言之，服务他人就是服务自己。

但成功不能成为你服务他人的目标。它必须是一个副产品，一个"副作用"，一个意想不到的结果，否则，很遗憾，你不会得到上述的所有好处。

当涉及从服务他人中获得健康、幸福和成功等益处时，动机很重要。动机恰好是下一章的标题。

那些不求回报、不求夸奖的付出具有特殊
的品质。

——**安妮·默洛·林德伯格**

第十章
动机问题

大量证据表明，利他主义动机会影响效果。

真正无私并关注他人的人受益最多。

但是，那么做的原因是：①想树立好形象；②被强迫；③想要得到回报；④为了自我感觉良好。然而，为他人服务的人，得到的好处很少。

简单来说，自私地做好事让事情更糟。

为了享受身体、精神、情感和职业上的所有好处，你必须为正当理由做好事。这里的"正当"并不是指道德或伦理上的正义。我们离美德的典范还差得远呢。我们不认为自己是伦理学家或道德家（尽管马兹确实有生物伦理学学位）。幸运的是，我们没有从道德和伦理的角度得出结论。我们得出了一个科学的结论。最好的研究告诉我们，利他主义只有在你真正想要帮助别人的时候才会"有效"地提升你的幸福感。

只是去做还不够。你必须以一种真正在乎的心态去做。

错误动机 1：想树立好形象

"我向某某捐了一笔钱，我希望你也一样。"

 # 温情效应 #　但行好事

你知道那些向慈善机构大笔捐款然后在社交媒体看似谦虚实则吹嘘的人吗？释放美德信号宣扬利他主义的外在表现，可能会让照片墙（Instagram）上的粉丝相信你是慷慨大方的，但并不会让你成为一个关注他人的人，一个健康幸福的人。甚至正相反，这样做会让你离利他行为越来越远。

首先，把公众认可度作为捐赠理由通常是行不通的。在亚利桑那大学和范德比尔特大学（Vanderbilt University）最近的一项研究中，研究人员要求受试者在两种不同的情况下做出捐赠决定：私下或公开。你可能会认为，考虑到社会压力，如果在家人和陌生人的关注下，人们会捐赠更多。但情况恰恰都相反。**得到注视反而降低了捐赠更多的可能性，因为研究参与者不希望观察员认为他们捐赠的唯一原因是为了树立好形象。这冲淡了利他主义的"自我信号"，使捐赠者有所迟疑。做出私人、匿名的捐赠决定可以保持动机的纯洁性，他们反而会捐赠更多。**因此，如果你想养成捐赠的习惯，请更多地关注捐赠本身，而不是关注如何让人们知道你在做捐赠这件事。

德国的一项研究支持了认可与吝啬之间的联系。"形象动机"唯一可衡量的影响是，它会给你留下不好的印象。想要展现自己积极、亲社会的一面是很自然的。但资料显示，一旦这种内在动机得到了公众认可，捐赠行为便会受到一定程度的影响。

那么外在动机呢，比如说，有偿献血？根据杜克大学丹·艾瑞里（Dan Ariely）博士及其同事的一项研究，如果受试者认为他们"做好事"是为了"表现好"（将亲社会的选择货币化），他们的自我形象就会受到影响，并且继续下去的动力也会减少。如果你担心人们会认为你买普锐斯是为了减税和进入高乘载车道❶，突然之间，开着它兜风感觉也就没那么爽了。

为了个人面子而服务他人会使你的奖励机制失灵。它会干扰你大脑中的利他机制。所以如果你只是为了面子，则会收效甚微，或者根本就毫无效果。所以，不要再炫耀你有多大方了，没有意义。但要获得这些好处，你可能必须付出比金钱更宝贵的东西：时间。

奉献主义的策略：付出时间。一项纵向研究随机选择了威斯康星州的一万多名高中毕业生，并从 1957 年到 2011 年对他们进行了跟踪调查。研究人员对数据进行了有意思的分析，仔细观察了大约三分之一学生中不同类型的给予行为。他们发现，**"给予时间"的行为——志愿服务、照顾他人、给予朋友和家人情感支持——与较低的死亡风险有关，但给予金钱则不然**。其他研究表

---

❶ 高乘载车道是指专供乘载多人（2人以上）的汽车行驶的车道，设置此车道的目的在于鼓励共乘、使用公共交通工具以缓解交通并减少车辆排放造成的空气污染。

明，付出时间可能会产生"温情效应"感觉。仅仅是写张支票？支票只会让你感到冷漠。

错误动机 2：被强迫

"他们让我这么做的。"

对有公民意识的教育机构和宗教机构而言，要求人们进行社区服务已经成为惯例。这是在向人们灌输志愿帮助他人的好处。如果一个团体声称关心它的社区，那么期望成员们言行一致是讲得通的。

向青少年推广亲社会活动可以使他们对自己的生活有一个合理的看法，而且可以加强他们与社区的联系。加州大学洛杉矶分校的研究人员对 97 名 14 岁至 17 岁的青少年进行了随机试验，将他们分成三组，每周做三次具体任务：①为他人做好事；②为自己做好事；③仅记录日常生活（对照组）。研究人员连续四周每周测量孩子们的幸福感。起初，他们发现三组之间没有差异。但随后研究人员进行了更深入的研究。在研究开始时，受试者完成了一项利他主义评估，就像你在第四章中所做的那样。利他主义态度得分高的参与者被分到"善待他人"组时，压力更小，积极情绪更强，可能是因为这与他们的内在动机相符。而那些在利他主义量表上得分不高的人则没有得到提升。因此可以得出这样一个结论：行动是关键所在，心态和动机也是关键所在。

但那项研究并没有测试强迫性的善意。俄勒冈大学的研究人员在《科学》杂志上发表了一项关于纯粹给予和强迫给予之间区别的研究。研究人员对 19 名受试者进行了功能性核磁共振成像脑部扫描，然后在他们的账户上分别存入了 100 美元。一组人有机会捐赠给当地的食品银行；另一组人被强迫作为一种税款上缴；对照组人没有被要求捐赠，可以把钱留给自己。研究人员发现，强制捐赠确实激活了大脑的奖励中心，并引发了一种令人愉悦的"温情效应"感觉。但结果是，奖励中心的激活程度和温情效应的"波谱"相同。**当受试者自愿给钱时，他们的神经奖赏反应明显更强，而且更能预测未来的自愿捐赠行为。**因此，你可能会从强迫捐赠中得到一些温情效应。但如果你是自愿的，是出于你自己的自由意志（奉献主义动机），你会得到大量的温情效应。

无论是年轻人还是老年人，强迫他们做一些他们自己不愿意做的事情都不利于健康。在一项对 676 名日本老年人的纵向研究中，研究对象被分为四组：那些目前是"自愿志愿者"（比如，周六在动物收容所抱小猫的爱猫人士）、"非自愿志愿者"（比如被判处社区服务的罪犯）、"自愿非志愿者"（赞同为他人服务的想法，但什么都不做的人）和"不自愿非志愿者"（显而易见不想为他人服务的人）。

研究人员检查了老年受试者三年时间里的日常基本活动情况。**在自愿志愿者中，只有 6.6% 的人身体机能下降，其次是自愿非志愿者为 16.3%，非自愿志愿者为 17.4%，不自愿非志愿者为 21%。有没有志愿行为不重要，重要的是是否自愿。**在接下来的三年里，那些非自愿的人更有可能经历身体功能状态的下降。因此，无私的动机不仅对你的满足感和幸福感而言很重要，对你的身体活力来说也举足轻重。

不要强迫孩子们参加强制性的给予或服务活动了。他们可能会受到多巴胺的刺激——在给予光谱上出现一个转瞬即逝的火花——但它会消退，且很难激励孩子们养成终身服务他人的习惯。

奉献主义的策略：自主利他主义。为了真正激励给予行为，父母、老师和宗教领袖可以鼓励（而不是强迫）孩子们自己去做。自主是关键。罗切斯特大学（University of Rochester）的一系列研究发现，人们在帮助别人时感到"精力充沛"，但前提是，这种帮助必须是自发的，是给予者自己的想法。与控制或强迫给予相比，自主激励不仅为给予者提供了更多的满足感和幸福感，对接受者也更好。因此，如果你选择为老年人送餐，你就会把良好的氛围传递给他们，在热腾腾的晚餐中传递温情效应。每次你敲他们的门时，你都会感受到这种激励效应。你不仅会从自主帮助中获得自尊和幸福，而且这种帮助会让帮助者更有效地帮助别人，并激励他们再接再厉。

错误动机 3：想要得到回报

"如果你帮我一个忙，我也会帮你一个。"

互惠动机或索取型付出，可以是一个简单的交换，一个非强制的交易。例如，你向一所大学捐赠了一座新的图书馆，你那不务正业的孩子或许会拿到这所学校的录取通知书。

索取型付出的另一个变体是我们所说的吝啬鬼动机。这个狄更斯作品里的角色斯克鲁奇（Scrooge）在经历了"过去之灵""现在之灵"和"未来之灵"的一夜拜访后，感到极度害怕和羞愧，在恐惧和自我厌恶中，他决定把一只火鸡捐给他的遭受虐待的店员的家人。尽管，对病中无辜的小蒂姆（Tiny Tim）所处的困境，他那颗冰冷如石的心中可能有一丝同情心，但他这突如其来的捐赠行为，是为了拯救自己的性命。他相信，如果他不改变，一年后他就会死去。斯克鲁奇的转变是故事的一个伟大结局，这种转变当然也帮助了小蒂姆，但这是受到了早逝预言的刺激。它是否真能帮助斯克鲁奇摆脱死亡的厄运？

为帮助自己而付出并不一定会加速死亡，但为他人利益而付出却可以更长寿。康拉斯及其同事在另一项研究中花四年的时间观察了志愿活动动机的影响和受试者的死亡风险。这些受试者就像斯克鲁奇一样，就他们的年龄而言，死亡可能近在咫尺。研究人员发现，**定期、频繁地关注他人的志愿者的死亡风险比出于策略原因关注他人的志愿者要低。**事实上，那些试图获得回报的"索取付出型帮助者"的死亡风险与那些根本不做志愿者的人相同。

除非斯克鲁奇为他人服务的转变是持续的，并从恐慌驱动转变为善良驱动，否则对幽灵的可怕预言不会产生任何影响。如果他的付出是一次性的，我们就知道明年圣诞节应该去哪儿找他了。

上述内容都是讲述了人与人之间联系的建立。给予的快乐必须是它本身的回报。如果你的付出是为了通过互惠或声誉来改善你的处境，那么结局会令你感到非常失望。英国研究人员对包括1150名受试者在内的36项研究进行了荟萃分析，研究了策略捐赠与利他捐赠的神经科学。功能性核磁共振成像的大脑扫描结果是无法伪造的。当受试者策略性地捐赠时，特定的大脑区域和路径被激活。当他们无私地捐赠时，激活的区域和途径则不同。因此，利他主义决策时的大脑图像看起来与策略决策时的完全不同。给贫困家庭送火鸡的决定无论出于什么意图，对接受者来说可能没什么两样，但对给予者大脑中的体验起决定作用。**发表在《科学》杂志上的一项基于移情的利他主义与基于互惠的给予行为的研究发现，就大多数人而言，自私的人与无私的人表现出的大脑反应不同。** 由于无私给予和自私给予有不同的大脑激活模式，有助于解释为什么人们会有不同的健康和幸福结果。这是两种截然不同的现象，至少就你的大脑而言是如此。

如果你为了让别人知道你很有钱而向哈佛大学捐赠了一座图书馆，那不太可能改变别人对你的看法。如果你为了取悦老板，给老板最喜欢的事业捐了一大笔钱，你可能会被老板特别留意，但这样做不会让你更幸福、让你更招同事喜欢，或者让你在工作上更成功。服务他人作为服务自己的一种手段，就像原地奔跑一样，再剧烈的运动也无法带你去想去的地方。

 我告诉我的学生：不要以成功为目标。你越是对它念念不忘，你就越可能错过它。因为成功如同幸福一样无法刻意追求，是一种随之而来的东西。它是当一个人献身于伟大事业并把自己置之度外时，意外获得的副产品。

——**维克多·弗兰克（Viktor Frankl）**

奉献主义的策略：采取给予的态度。采取给予态度的积极结果是服务他人时得到一个令人愉快的（但不是刻意的）副产品，但它是一个受人欢迎的副产品。格兰特在《给予与索取》一书中写道："首先，给予是一条有前途的道路，给予在前，成功在后。但如果你只是为了成功才给予，这条路可能行不通。"

凯斯西储大学的一项研究考察了 585 名老年受试者"健康老龄化"的成因，发现"利他主义态度"——愿意做志愿者和服务——"对维持生活满意度、正向情感和其他幸福结果都做出了独特的贡献"。这是一种态度，而不仅仅是行为，它能赋予生活意义，让人们乐在其中。只专注于行动，你只会变成斯克鲁奇。

没有人希望自己在暮年时郁郁寡欢，带着苦涩和遗憾回顾人生。我们都认识这样的人。我们也认识与他们相反的人，那些老年人，快乐、满足、善交际、有目标，即使不再年轻，也充满活力。研究表明，真诚的"奉献主义"态度让人抵达幸福的彼岸。

错误动机 4：为了自我感觉良好

"倾听别人的问题让我觉得自己很好。"

如果你倾听他人问题的唯一动机是为了彰显自己的清高或优越感，或者是为了寻找八卦素材，那么倾听的行为就不能被称为有益的关注他人的行为。甚至可能对他人没有帮助。大多数人都不喜欢这种被索取的感觉。在纽约大学的一项研究中，85 对夫妻的一方连续四周写日记记录自己的情绪以及夫妻双方之间的情感支持。接受支持且没有机会回报的一方坏情绪激增。给予支持且不期望回报的一方则相反；给予者的坏情绪大大减少。降低双方负面情绪的条件是公平支持，即双方给予和接受相同或相似程度的支持。

除了互惠，给予者和接受者的一个基本要素是同理心。你必须意识到并理解他人的困境，才能算是为他人服务，从而确保自己的得到给予的好处。同理心会带来纯粹的利他主义。

回到我们之前提出的一个有趣的问题：利他主义动机真的存在（或不存在）吗？1981 年，著名社会科学家巴特森博士发表了一项有点残暴的研究。没错：另一项令人震惊的心理学研究。

44 名女大学生被要求观察一名女生伊莱恩（Elaine）受到一连串"电击"的画面，伊莱恩也是该学院的一名本科生，但她是实验中的一名演员。（但事实并非如此。她是演的，没有真正触电。实验对象也不是目睹她遭受"电击"，而是看一段录像带。）为什么非得用"电击"呢？主要为了看伊莱恩在不利环境下如何完成任务。

受试者被分为四组，每组 11 人：①认识伊莱恩，在看到她受到十次"电击"中的两次后就可以离开的人；②不认识伊莱恩，也可以提前离开的人；③认识伊莱恩，但必须在十次"电击"中都留下来的人；④不认识伊莱恩，必须在十次"电击"中都留下来的人。

在看了伊莱恩受到两次"电击"后（她假装痛苦到面部扭曲），观察者被问到是否愿意替伊莱恩接受她剩下的八次"电击"。

在那些与伊莱恩没有个人关系的受试者中，关键因素是他们很容易逃离这场恐怖表演。那些被告知可以提前离开的人，不想代替她遭受"电击"。他们通过说"我要离开这里！"来减轻目睹她痛苦的压力。**那些被要求观看十次"电击"的人确实提出了替她接受"电击"，但他们的动机是自私的。因为他们认为接受"电击"比看着别人受苦情感消耗得要少很多。**

为别人做一些事情只是为了减轻你的压力或让你感觉良好，不会带来很大的好处。

与伊莱恩有关的受试者更有同理心。他们可以设身处地为她着想（同理心），并更愿意帮助她规避痛苦。不管他们逃离的难易程度如何，他们愿意代替伊莱恩，减轻她的痛苦，而不仅仅是做一个目击者。通过同理心以及做出相应的牺牲，他们的压力会得到缓解。

关于利他的利己主义，以及利他主义是否真的以他人为中心，还是以自我为中心的另一种模式，哲学上有一个完整的领域。换句话说，由于利他主义总是会回到给你的感觉和你会得到什么这样的问题上，那么是否存在真正的利他主义？

以伊莱恩和"电击"的经典心理学实验为例，高同理心的人会帮助他人，无论逃离容易与否。但如果是有同理心的利己主义者，当逃离变得困难时，他们更愿意提供帮助。这些发现支持了这样的结论，即真正由同理心驱动的利他主义动机是真实存在的。

奉献主义策略：采取行动。采取措施减轻他人的痛苦是同情心的核心。同理心包括感受和理解他人的痛苦。这是要付出代价的。但是同情和积极的利他主义带来的回报可以抵消同理心带来的痛苦。

"感受他们的痛苦"并不意味着你也要感到痛苦。用"奉献主义"行为接触他们，会激活你大脑中积极的奖励中心，所以你会对帮助他人感觉良好。

不过，遭受极度痛苦不是生活的常态。你可能会环顾你生活和生活中的人，然后想，我们现在很好。与其让伊莱恩遭受"电击"，研究人员还不如让她赶不上飞机。如果受试者认识她，并同情她，他们可能会站出来帮忙，就像他们为结束真正的（但实际上是假的）痛苦时做的那样。

"我无私奉献是有正当理由的，所以我的回报呢？"

我们和一个朋友谈论斯坦福大学的一项研究，她完全不以为意。这项研究的重点是给予情感支持和工具性支持之间的区别，以及它们对给予者幸福程度的影响。研究发现，情感支持能预测帮助者的幸福感；工具性帮助（有帮助的行为或行动，但不一定带有对受助者的同情或情感依附）会给帮助者带来幸福感，但前提是它必须与情感支持结合起来。简而言之，仅仅帮助别人是不够的。你也必须关心他们，你才能获得温情效应。

"一派胡言，那我的温情效应呢？"我们的这位有趣的朋友说道。

她描述了她与 25 岁女儿的一次经历，她非常关心她的女儿。"我们在电话里聊了两个小时，聊她最近的事。我给了她毫无保留的支持，直至我脸色发青。挂电话的时候，我知道她感觉好多了。我却感到精疲力竭。在那通电话之后，我的状态跌到了谷底。"她说。

我们的朋友做出了一个自主的选择，付出时间，采取利他态度，并采取行动，以真正的关心和同情来帮助别人，不期望回报。她做的每件事都是正确的，但她却没有感觉到任何"奉献主义"的好处。

这是怎么回事？

关键的因素是时间跨度。格兰特研究了消防员和救援人员以及他们服务时得到的好处。事实证明，他们确实从救人的工作中得到了情绪上的提升，但不是在紧急情况时。只有当他们下班回家后，回想他们所做工作的意义和所提供的帮助时，他们的情绪才会得到提高。因此，我们的朋友可能已经被她跟女儿的谈话弄得精疲力竭，但如果她过段时间再回想一下，可能就会体会到积极的感觉，并收获到一些好处。

此外，关心也很重要。有时候，利他主义意味着在你更乐意做其他事情时，还能倾听别人的苦恼。提供这种服务可能不会瞬间涌现出温情效应。但是，与她的孩子建立深厚的人际关系和亲密关系，从长远来看，可以带来更多的生活满意度和幸福感。

另一个好处是：当我们的朋友在电话中谈论她孩子的问题时，她自己的担忧也消失了（至少是暂时的）。她没有想最后期限和工作上令人头痛的事。即使移情在当下是痛苦和沉重的，但如果你关心别人，带着同情接近他们，你就会从自己的压力和焦虑中得到解脱。把你的注意力转移到他人身上，你会感到更愉快、更轻松、更简单。

最后，我们的朋友和其他致力于利他主义的人需要记住的重要一点是：服务他人不一定是件容易的工作，很可能是一件相当困难的事。你可能不会立即获得回报。但是真诚地付出你的时间和精力是值得的，最终可以收获满足感、健康、成功，以及在这个案例中，与她生命中最重要的人之一建立亲密、充满爱的关系。

唯一重要的动机就是帮助他人

让我们来谈一下公共健康。

接下来这段话会勾起许多人（包括我们在内）的一些惨痛回忆。随着新冠疫情的出现，成千上万的患者来到我们医院。我们的重症监护室挤满了使用呼吸机的患者。病毒让我们失去了很多人，我们的心都碎了。

在治疗患者的同时，我们还教育人们采取措施预防新冠肺炎，如戴口罩、勤洗手和保持社交距离。

我们发现，如果这些预防行为被定位为帮助他人而不是帮助自己，人们会更有动力遵守。哈佛大学的研究人员在一项对6850名受访者的研究中证实了这一原理。他们测试了三种传递信息的方法，强调个人保护、公共健康或两者结合。这三种动机都在一定程度上有效，但公共健康动机（保护他人）最有效。研究人员写道："相比于感知个人威胁，感知新冠肺炎的公众威胁与预防意向有更强的关联性。"因此，亲社会动机是改变行为的最佳策略。当然，这并不是说它对每个人都有效。但是，当人们团结起来试图抗击病毒时，它让我们患上了另一种"传染病"，一种我们引以为豪的"传染病"：积极地保护和服务彼此。

但你不必在自己和他人之间做选择。我们又不是活在电影《饥饿游戏》里。你只需要专注于真诚地为他人服务，然后奉献主义的好处就会作为副产品或意想不到的结果涌向你。只需要把焦点从你身上转移到他人身上，你甚至不需要去爱他们，只要关注他们就行。

如何召唤真诚

他书中的内容很像作弊码：用给予的力量来获得各种好处，过上更好的生活。然而，给予是分等级的。你必须自愿开始给予，真诚地关心你所帮助的人。

做所有事情都必须真诚，这种要求也许会遭到有些读者的抱怨。训练自己真诚的关心并不难。真诚是可以召唤出来的，让努力看起来不那么繁重。

"情感劳动"（emotional labor）这种概念源于豪华酒店和客户支持呼叫中心等服务行业。我们认为情感劳动是我们为了让别人感觉良好而做的工作。这不是医疗或保健行业的分内事，尽管它可以被应用其中，就像华盛顿大学发表在《美国医学会杂志》（JAMA）上的一篇重要论文一样。他们询问医生如何在医生们不一定感觉到的情况下（如结束了漫长和紧张的一天后）获得同情和同理心。医生们并不总是会觉得自己在做有同情心的事情。但是，如果他们能够通过使用情感劳动，在情感上达到目的，那么每个人都将获得好处。

作者确定了两种类型的情感劳动。第一种是深层扮演（deep acting），即"在与患者共情互动之前和期间产生一致的情感和认知反应"。你唤起情感，完全进入照顾者的角色，这是你自己版本的丹尼尔·戴-刘易斯（Daniel Day-Lewis）❶式的体验派表演方法——但这是体验派关怀方法，不是装出来的。他的情感是真实的，但那是为了达到目的而刻意为之。就像一个方法派演员为了进入他们的角色，在情感上"成为"那个角色那样。

第二种情感劳动被称为浅层扮演（surface acting），即"对患

---

❶ 英国、爱尔兰双国籍演员。

者形成共情行为，缺乏一致的情感和认知反应"。换句话说，就是假装。

《美国医学会杂志》上的论文指出，深层表演是"首选"（这是当然），但当深层表演不可能实现时——当情感枯竭或你只是不够了解某人，无法唤起真实的感情——浅层表演则被认为是聊胜于无。就像学习技能一样，同理心需要练习，大量地练习。但是，只要努力与同理心接触，医生就能提供更有效的治疗方案，从而提高他们的职业满意度。打下了更坚实的基础，他们就有了情感带宽，能把浅层表演提升到深层表演（根本就不像是在表演）。

任何家里有小孩子的人都经常这样做。无论父母多么紧张、疲惫、工作过度或不堪重负，出于对孩子的关心，他们与孩子在一起时，通常都会试着振奋精神。在与孩子交谈时，尤其是在孩子受到惊吓或感到不安时，他们始终传递着爱、理解和希望的信息。在那些时刻，人们假装若无其事，以便与孩子们建立联系。这是因为父母对他们的孩子如何回应自己的语言和行为非常重视。家长们明白，他们与孩子的互动会在他们身上留下印记。父母把焦虑、工作压力、支付账单等——推到脑后，向孩子传达积极的、扶持性的信息，告诉他们为什么做作业或善待他人很重要，这有时需要情绪劳动。如果你此刻感到压力很大，这么做不是一件容易的事。但你还是这样做了，因为这是父母的责任。这是爱，不是装出来的。

现在，你可能在想，即使你的动机是正确的，你知道为他人服务对你的健康和幸福有多好，但获得的意识会抵消有益的影响吗？换句话说，你是否因为阅读了这本书的前十章而毁掉了所有潜在的"奉献主义"好处？

没有。虽然为了得到好处，动机必须是真诚的，但研究表明，如果人们意识到他们的健康水平和幸福感将会增加，好处仍然会存在。所以有意识去做并不会破坏好处。但动机必须是无私的，这样健康益处就会是副产品而不是动机。如果你相信利他主义对你的幸福有益，它就会有益。

就是这样。这就是我们的全部资料。"数据馆长"已经倾尽所有，现在，关于为他人服务对身心健康、幸福和成功的好处，以及获得这些好处所需的最佳态度和动机，你拥有了所有的证据。

但究竟如何才能成为"奉献主义者"呢？具体的步骤是什么？处方又是什么？让两个利他主义者在早上给我们打电话？

我们有七种具体的循证治疗方法，配有剂量建议和服用指南，马上就会出现在第三部分：处方。

幸福处方

让人生变好的7个科学方法

第三部分
处方：刻不容缓的 7 个步骤

Happiness

善行再小，也不白费。

——《伊索寓言》

Happiness

第十一章
从小事做起：16 分钟的处方

有一种循证处方可以改变你和其他人。

你的生活不必发生翻天覆地的变化。

事实上，要成为一个"奉献主义者"，首先需要的改变是个人精神，而非现实。与其在生活中碌碌无为、停滞不前，不如在生活中寻找机会为他人服务。一旦你开始寻找，机会就会出现。其实，机会无处不在，无穷无尽。如果你开始利用这些机会为他人服务，成为"奉献主义者"的益处就会立即开始累积。

只要下定决心去给予、去帮助、去关心以及与更多人建立联系，无论你目前正在经历什么，你都会因此变得更幸福、更健康、更成功。发表在《组织行为学杂志》（*Journal of Organizational Behavior*）上的一项研究分析了 64 名参与者的数据，这些人经历了中年危机。让参与者在事业中断、婚姻破碎和亲人去世等艰难阶段中成长起来的，是我们前面提到的"个人范式转变"——在生活中更加积极、热情和利他。他们不仅挺过了一段艰难的时期，而且他们个人范式的转变让他们能发展得更好。参与者都是 50

岁以上的人，这说明只要你设定了从自我意识到我们意识的转变目标，生活终会变得更好。做出转变并不难，但你必须用心做这件事。

话虽如此，但我们愿意拿出多少时间来做这件事？

时间是宝贵且有限的。我们完全理解。当我们在随意交谈时，比如在聚会上，与人们谈论奉献主义研究时，他们通常会点头表示赞同。但他们经常会说："我现在没有时间做这件事。等我退了休再说吧。"

"没有时间"是一个现成的借口，实际上没有得到科学的支持。也许你不能把每个星期六都用来帮助邻居或志愿做一项服务他人的事业。但是，话说回来，你究竟花了多少时间看电视或浏览社交媒体？事实是，研究表明，"时间贫困"（time poverty）通常是一种夸张的说法。这种看法实际上是一种自利主义的症状。沃顿商学院 / 宾夕法尼亚大学的一项关键研究发现，如果你把时间给别人——只要一点点就够了——你"时间富裕"的主观感觉就会增强，这意味着你觉得自己有充裕的时间，会变得更从容。研究人员给研究对象随机分配了 4 种不同的时间用途：花时间帮助别人；花时间在自己身上；浪费时间；获得意外的自由时间。在所有 4 种使用时间的方式中，只有被随机分配到给予时间（帮助他人）的人，才感觉自己有更多的时间。研究表明，花时间帮助人会改变你对自己所拥有的时间的感觉，这是一种独特的感觉。因此，付出时间实际上是在给你时间！而当你觉得自己的时间很充裕时，你就更有可能在未来做出利他行为。

不管你有多"忙"，花不到一分钟的时间来帮助别人你肯定做得到。约翰霍普金斯大学的研究人员进行了一项研究，用来确定医生的同情心对患者焦虑、信息回忆、治疗决策和对医生的评估的影响。200 多名女性参与者，其中大多数是乳腺癌幸存者，她们观看了一段肿瘤学家进行标准会诊（仅提供信息）的视频，或一段有"强烈同情心"的肿瘤学家讲话的视频，视频中表达了诸如"我想让你知道我在这里陪着你""我们在一起，我们携手渡过难关"和"我陪着你走每一步"之类的鼓励性话语。

与观看标准会诊视频的参与者相比，观看增强型同情心视频的参与者认为医生更温暖，更有爱心、更善解人意以及更有同情心。但这还不是全部。研究人员使用一个有效的量表，发现与对照组相比同情心视频组的焦虑明显下降。这里有一个重要的发现：增强同情心的方案只需 40 秒。在这不到 1 分钟的时间里，癌症幸存者得到了安慰，焦虑程度明显降低。科学支持这样的观点：几乎不需要投入任何时间，医生或是任何人都可以利用同情心使其他人感觉更好，这反过来又启动了让自己更健康、感觉更好的机制。

然而，幸福的处方并不是每天花 40 秒的时间去关注他人。迄今为止，我们已经向你展示了关注他人时你所能获得的好处，并且计算了获得这些好处你需要服用的利他主义"剂量"。如果你一直在关注，你就已经知道它是什么了。本章的副标题是"16

分钟的处方"。每天只要 16 分钟的善举、同情和对他人无私的服务，就能让你健康、幸福、成功。

这个数字从何而来？

格兰特提出了"100 小时利他自利原则"——这是一个人为了获得利他主义好处每年所需要花费的小时数。在对 1.3 万名美国成年人的纵向研究中，每年至少 100 个小时的志愿服务能减少死亡风险、身体机能障碍以及抑郁和孤独情绪，并能增加身体活动、促进积极情感、培养乐观心态以及树立人生目标。

你不会一年才服用一次处方药。我们使用了一种高度复杂的科学设备——计算器——来确定你每天的剂量。100 个小时等于6000 分钟。再除以 365 天（一年的总时间），就得到每天 16.44分钟。我们四舍五入，假设大多数人通常一天已经至少有 25 秒的时间是用来关注他人的。

每天只要花 16 分钟关注他人，就能给自己和他人带来巨大的好处。这点时间几乎不算什么。

听 4 首披头士的歌。

看一会儿情景喜剧短片《活宝三人组》（*Three Stooges*）。

走一英里❶路。

看半集《瑞克和莫蒂》（*Rick and Morty*）。

（我们其中一人）并排停车的时间。

---

❶ 1 英里 ≈ 1.61 千米。——编者注

不必设置秒表，只需记住这个数字。有些人更喜欢在几次善行中积累利他主义，比如早餐、午餐和晚餐，每天加起来有 16 分钟。在《给予与索取》（*Give and Take*）一书中，亚当·格兰特写道"5 分钟的恩惠"。在理想情况下，这种帮助不会是移动一架钢琴，但是，话又说回来，我们可以在 5 分钟内做任何事情。如果你每天在有限时间内做 3 件举手之劳的事情，随着时间的推移，你就会帮到很多人。

一些利他主义的机会可能会不期而至。如果你想踏上"奉献主义"的道路，那就静待机会的到来吧。有些人可能更喜欢亲自计划他们的 16 分钟。而且，平均每天 16 分钟。因此，你可能想把每周六早上都作为"给予时间"，安排 2 小时的时间来教英语、去社区做分类工作，或者去看望生病的亲戚。或者也许你只是在观察你遇到的每一个人，寻找机会。

一边等待机会，一边做计划也是可以的。我们喜欢用医学术语来打比方，所以每天的小善举就像每天早上吃降压药、进行健康保养和预防之类的。但是，你要经常让自己做更多的事情，比如每周一次长跑，相当于周末在服务项目中做志愿者。然后，每五年进行一次飞跃，如报名成为班级家长或为一个慈善事业组织一次重大的筹款活动，就当作这是你的同情心结肠镜检查。

为别人服务 16 分钟并不意味着你就可以在每天剩下的 1424 分钟里做一个以自我为中心的人。你也不需要全天候地为别人服务。这对我们大多数人来说是不可能的。但如果我们能有意识地深入挖掘，变得更善良、更富有同情心，并在每天的生活中挤出一点时间来做这件事，日积月累，我们就可以创造奇迹。

时间的问题解决了，那么钱呢？

当我们与刚毕业的大学生谈论捐赠和帮助他人时，他们经常说："我欠了成千上万美元的学生贷款。我没有钱可以捐赠。等我赚到更多钱的时候，我就会捐给慈善机构。"正如我们之前所分享的，**研究支持这样的观点：实际上，通过捐款，你可能赚得更多，并爬上成功的阶梯**，这样你才能更快地还清贷款。捐款可以极大地改变你的生活质量，因此你不会对你的贷款感到压抑。在此透露一下，我们中的一个人在几年前还完了他所有的医学院贷款，而且把更多的钱捐慈善事业的喜悦已经缓解了这么多年来支付利息的怨恨。"我破产了"可能是一个借口。你不一定要很富有才能成为奉献主义者。我们的证据表明，社会经济地位低下的人可以获得慷慨的好处，即使他们付出的时间或金钱很少。

当你给自己买 8 美元玛奇朵咖啡时，要想到慷慨解囊比自我放纵更让人高兴。当你因为对自己的经济能力不自信，从而犹豫是否捐赠时，你可以通过转换思维将不自信的牢笼拆掉。西奥迪尼博士是影响力之父，也是畅销书《影响力：说服力心理学》（*Influence: The Psychology of Persuasion*）一书的作者。20 世纪70 年代，他在亚利桑那州立大学做了一些实验，内容是关于在要钱的时候使用某些语言。165 名参与者测试了在上门慈善活动中，要求陌生人捐款时不同技巧的有效性。他们发现，如果参与者将小额捐款"合法化"而不是"要求"，人们更有可能捐款。说"哪怕一分钱我也要"会遭到人们的拒绝。但如果加上一句"每一分钱都很重要"，人们捐款的次数就会更多。人们的捐赠数额没有改变，但捐赠的意愿却改变了。

练习影响自己的科学。通过在你自己的思想中，让小额捐赠合法化，你的捐赠很可能会增加。日积月累，积少成多。小小的奉献或善举是迈出的第一步。一旦你开始了，考虑到对你自己的巨大好处，你就不想停下来了。

"谁"比"多少"更重要

来自英属哥伦比亚大学和哈佛商学院的邓恩、阿克宁和诺顿是幸福研究梦之队，他们研究了在与你有（或强或弱的）社会关系的人身上花钱对幸福感的影响。既然健康和幸福的关键在于令人满意的人际关系，那么，知道在家人、朋友和熟人身上花钱是否会产生影响（不管这种联系有多深）是很有用的。

80 名大学生参与者随机签署了两种不同的消费回忆条件：①详细回忆他们在他们认为的强关系人（比如好朋友、亲密的家庭成员或恋人）身上花了大约 20 美元的过程；②详细回忆他们在弱关系人（比如熟人、同事、同学或朋友的朋友）身上花了同样多的钱的过程。在回忆起慷慨行为的那一刻后，参与者用标准量表报告了他们的幸福水平。

正如预测的那样，在一个强社会关系上花钱的记忆，比在一个弱关系人身上花钱的记忆，带来的幸福水平更高，无论这笔钱是在多久以前花出去的。关系越亲密，他们就越愿意做出小的牺牲。正如作者所写的那样："为了从为别人花钱中获得最大的情感回报，一个人应该引导自己为亲近的人花钱。"给予和强大社会关系产生的积极感觉，会增加参与者的给予行为。如果给予的感觉很好，你就更有可能坚持下去。

其中的道理是：不要吝于给熟人花钱或帮助陌生人。绝对不要。把钱花在弱关系人身上也能产生幸福感，只是没有花在强关系人身上那么强烈而已。此外，你永远不知道给一个泛泛之交买一杯玛奇朵的善举是否会在未来结出一朵美丽（且浓艳）的友谊之花。

所以，该从哪里开始呢？

从你的地盘上开始。就是字面上的意思。在你自己的住所或工作场所，帮助你的家人、室友或好朋友，这和在社区服务，产生幸福感的效果一样强。主动洗碗或倒垃圾。赞美其实不费什么。不涉及"付费"。你所要做的就是开始"奉献主义"行为，表达你的感恩之情，帮助你最爱的人。

加州大学伯克利分校的达切尔·凯尔特纳（Dacher Keltner）及其同事进行了一项研究，着眼于在没有任何附加条件下，为恋人做出小牺牲所带来的内在奖励（intrinsic rewards），研究人员称之为"共同力量"。**69 对情侣参加了一项为期两周的实验，他们每天都为对方做一些好事。**像放下手机，开始有意义的谈话、主动做晚饭、全心全意地关注和支持对方等这样的小事。**研究结果很清楚，也很容易预测：在"牺牲"过程中，共同力量与积极情绪有关，伴侣感到感恩，于是一整天都有更深的关系满意度。**

犹他州立大学的一项调查研究了全国 1365 对已婚夫妇的"关系维护行为"数据，发现小的善意行为、尊重和爱的表露以及原谅伴侣的错误和失败的意愿，能带来更高的婚姻满意度、减少争吵并降低未来离婚率。小小的"奉献主义"能起到大大的作用。

幸福的关系意味着更小的压力。更小的压力意味着更长的寿命。所以，如果你想活得更久，立即去做一些小小的善举改善你的婚姻质量。一项纵向研究分析了 4374 对老年夫妇 8 年来的数据。在控制了家庭收入、基本健康状况和其他因素后，研究人员发现，**配偶生活满意度提高一个水平，死亡风险就会降低 13%。**基于这些发现，"配偶幸福，生活幸福"这句话可以被改成"配偶幸福，更加幸福、更加长寿"。

"在你的地盘上"做这件事的另一个角度是用你的天赋来服务他人。做你最擅长的事。通过一种对你来说自然和正确的方式，你可以在服务时出现"心流"和重参与，效果是你（捐赠的）钱的两倍。

例如，我们是医生领导和研究人员。我们没有为了成为"奉献主义者"而放弃我们的日常工作；我们充分利用我们的技能和优势来帮助他人。例如，由于斯蒂芬是一名重症监护专家，如果在最贫穷的地区，几乎没有重症监护室，那么在那里进行医疗任务，他的技能也许不能得到最有效的利用。但他可以，也确实利用了自己难得的搜索技能，系统地分析利他主义的有益影响，并利用他的沟通能力给不同团体做演讲，传播奉献主义理念，帮助人们改善生活。

马兹偶尔出席电台和电视节目，他利用这个平台以及他作为库珀大学医疗保健中心首席执行官这个角色来筹集资金，并分享关于同情和利他主义益处的信息。马兹和他的联合首席执行官凯文·奥多得（Kevin O'Dowed）试图在与库珀大学教职员工的互动中以幽默、热情和积极的方式（这些都是领导者的重要技能）创造一个更积极的工作场所。

你可以利用什么技能来做好事？你是一个天生的销售员吗？那么你可能可以去筹款。你是一个有天赋的老师吗？那么你可以指导年轻人的思想。找出你自己的"我能做的一件事"（即"时间、才能和财富"三要素中的"才能"部分），然后使用它，坚持下去，并敬畏地看着你对他人（和自己）的影响得到充分实现。你的影响力或许也是你"才能"的重要组成部分，利用你一切可以利用的影响力，去为他人带来有意义的变化——并鼓励你周围的人也这样做。

 除非我知道我做了什么，否则我怎么知道我是谁？
——爱德华·摩根·福斯特（Edward Morgan Forster）

这是人类的一小步

最终，成为一个奉献主义者归根结底是做出一个给予的决定。帮助、关心、建立良好关系。做出这样的决定，经常重复，甚至每天重复。

从小事做起。比如说，如果你打算开始一项锻炼计划，你不会在一夜之间从整日躺在沙发上的懒人变成马拉松运动员。训练开始的第一天，你先绕着街区走几圈。如果你要实施一个健康的饮食计划，要你一夜之间从吃奶酪汉堡、喝啤酒变成完全的素食饮食和喝康普茶，你肯定坚持不下去。明智的做法是减少油炸食品和酒精的摄入，逐渐做出更加有益于健康的选择，直到这些成为你下意识的行为。

这和成为奉献主义者一样。每一个善良的行为、慷慨的捐赠以及专注于他人的时刻都会累积起来。在你每天坚持这样做 16 分钟后，你会意识到，你其实付出的时间早就超过这些时间了。

只要你开始这样做，让给予和帮助成为你新的默认选项，你就可以在你力所能及的范围开始。詹姆斯·克莱尔（James Clear）是畅销书《原子习惯：细微改变带来巨大成就的实证法则》(*Atomic Habits: An Easy & Proven Way to Build Good Habits & Break Bad Ones*)的作者，他呼吁建立为他人服务的习惯：

- **从很小的事情开始**。在家里和你爱的人在一起，做一些小小的善举。

- **切分**。把你每年的 100 个小时分成每天的 16 分钟，或者分成几小部分，比如 5 分钟的小忙。

- **逐步增加、细化**。每天锻炼 16 分钟；慢慢地增加你的"有代价付出"，这样你就不会觉得自己是在牺牲了。

- **坚持不懈**。如果你错过了为他人服务的一天，原谅自己，明天再开始（小事）。

利他主义将成为一种习惯，就像早上喝咖啡或睡觉前锁门一样，比你想象中要快。没有它你会感觉不舒服。

持续的给予行为最终会融入你的本体。即使你加入一个协助组织是出于自私的原因，比如促进你自己的事业，慢慢地，你会开始把自己看作是一个给予者，因为这就是你所做的。随着时间的推移，你做什么就会真正成为什么样的人。

仅仅设定为他人服务的目标还不够。克莱尔在"提议"和"行动"之间做出了区分。当你计划做一件事的时候，提议是预行动。效率低下的人往往无法走出提议的困境（也就是说，他们只说不做）。例如，写一本书的"提议"是抓住更大的概念，做一点研究，然后对它进行大量的讨论。提议是重要的，也是必要和有用的。但是，除非你采取"行动"，否则"提议"并不能帮你实现目标。

写书的"行动"就是屁股坐在椅子上，花时间做严格的研究，每天（或每天晚上和周末）把句子输入微软文字处理软件，直到把书页写满，书就完成了。行动是任何能让你达到你想要的结果的行为。如果你想要的结果是成为一个奉献主义者，那么行动部分就是阅读这本书，进行个人范式的转变，在日常生活中寻找服务他人的机会，找出你可以利用的技能，并决定你要开始服务谁。行动部分是实际行动——去帮助、去给予、去关心和产生真诚的联系——每天至少 6 ~ 10 分钟（平均）。

克莱尔提出了两种从提议转向行动的策略：①选择一个开始行动的日期，比如，"这个星期一，我将为我的伴侣做一些好事"，并在你的日历上标记出来；②安排重复的行动，比如，"每天晚上 9 点，我将和我的伴侣散步，进行 16 分钟有意义的对话（或一些给予行为的组合，从而达到每天的平均水平）"。牛津大学的研究表明，**实际上，仅仅 7 天的小善举就能以可衡量的方式提高幸福感**，所以如果你坚持下去，幸福的效果可能会在本周开始显现！

微笑可以拯救生命

托马斯·乔伊纳（Thomas Joiner）任职于佛罗里达州立大学，是著名心理学家兼研究自杀的专家，他在《为什么要自杀》（*Why*

People Die by Suicide）一书中引用了一个人的遗书："我正往桥上走去。如果在路上有人对我微笑，我就不跳了。"

对那个想要自杀的人来说，一个微笑就能挽救他的生命。这是一个小小的善举。在他那决定命运的旅程中，没有一个人知道他背负了怎样的痛苦。在他们看来，他可能和其他人没什么两样。如果他足够幸运，在走去桥的路上遇到一个对他微笑了几秒的奉献主义者，他就不会在那天结束自己的生命了。

只要向我们认识和喜爱的人以及完全陌生的人传递出一*丝丝*希望，就可以产生巨大的影响，尽管我们可能永远不会知道。在适当的时候，一个微笑、一件意外的礼物、一句鼓励的话语或一次善意的倾听就足以让他人向好的方向发展，甚至彻底改变他人的命运。数据显示，每天发送 16 分钟的希望，对你和收到信息的人来说都意义重大。

打个比方说，我们都住在一座桥的旁边。我们身边都会走过命悬一线的人。一个以自我为中心的人可能根本不会注意到这个要去自杀的人。或者，如果他们确实看到一个沮丧的人向他们走来，他们可能会走到对面，避开他头顶笼罩的乌云。一个关注他人的人会看到乌云，并认识到这是一个机会，他们会用最微小的举动，哪怕只是一个和善的微笑，给别人的生活带去一丝阳光和希望。

从小事做起的奉献主义处方："每天 16 分钟" ——承认你平均每天可以花 16 分钟做任何事情，所以花这些时间为别人服务并不是什么难事。你付出的时间越多，你就会觉得自己拥有的时间越多，所以不要以时间贫困为借口。

通过将个人模式转变为以他人为中心的模式，你可以改变他人的一天。通过做一个奉献主义者，积累给予和帮助的时刻，你可以拨开自己的乌云，改变你生活的轨迹。你甚至有可能救自己一命。

感恩不仅是最伟大的美德，而且是所有美

德之母。

　　　　　　　　　　　　　　——**西塞罗**

第十二章
心存感恩

除非你像《海绵宝宝》中的派大星一样，在过去的十年中一直生活在岩石下，否则你一定听说过心存感恩可以增加你的幸福感和快乐感。我们在文献服务检索系统中搜索了关于这一说法的证据，找到了大约五千项研究来证实这一点。因此，正念型的人应该继续保持他们的感恩习惯——不管是进餐前的祷告、在别人施予援手时说"谢谢"的普通礼节，还是将感恩作为一种有意识的实践纳入他们的生活。

但我们对感恩有不同的看法。

很多研究表明，感恩倾向（grateful disposition）总的来说对你大有裨益，但我们认为驱使你成为一名奉献主义者才是感恩的主要益处。本章将分享一些证据，告诉你为什么感恩是灵丹妙药的一部分。

感恩的态度

来自诺丁汉大学的另一个团队（不以穿紧身裤而闻名）做了一项荟萃分析，综合了来自科学文献的所有数据（共包含 91 项研究，18342 名参与者），旨在测试感恩与亲社会（给予、帮助）行为之间的联系。他们确实发现了一种联系；也就是说，感恩能激发服务他人的行为。但是并非所有类型的感恩都能给你同样的利他动机。

感恩他人或互相感恩的行为发生时，人们会非常积极地继续利他行为，那么人与人之间就会出现更多的感恩行为。

当感恩被泛化，变成一种对生活中所有美好事物都心存感恩的心境或只是对活着这件事心存感恩，人们的幸福感得到了提升，但他们并没有更积极地为他人做善事。总之，研究支持这样的结论：关系性感恩（对一个或多个特定的人的感恩）优于泛化性的感恩，更能使你成为奉献主义者。

表达感谢

感受和表达感恩之情是与关注他人频率共振的一个好方法。一旦你开始感受和表达"感谢"，奉献主义的信号和它所传递的信息——为他人服务，你就会幸福！——就会变得更强。当你的大脑被调到感恩频道时，你就更有可能给予和帮助他人。

俄勒冈大学和哈佛大学的一项研究从神经科学的角度研究了

感恩作为利他主义激励因素的作用。在一项双盲研究中，研究人员随机分配了年轻的成年女性参与者，让她们在三周内写一本感恩日记或一本中性日记（对照）。研究人员在写日记前后用功能性核磁共振成像仪器扫描了她们的大脑。与对照组相比，**写感恩日记的人增加了他们在大脑奖励中心的"神经纯利他主义"反应，这表明练习感恩改变了他们的大脑活动，使他们对为他人做无私、善良的行为感觉更好。**

美国东北大学的戴维·德斯特诺（David DeSteno）博士就感恩对利他行为和关系的影响做了大量研究。他和他的团队通过在一系列实验室实验中诱导参与者的感恩之情来测试这一点。他们是如何"诱导"感恩的呢？通过将参与者随机分配到"情感操纵"组与对照组（无操纵）。情感操纵是一个精心设计的假象——你猜对了，有一个"同伙"（演员）。在实验开始前，演员假装不遗余力地帮助被试者修复电脑的（假）故障。在所有的实验中，研究人员发现，与对照组的参与者相比，那些得到演员帮助的人在实验中更加感恩（用一个有效的量表测量，旨在表明感恩诱导确实在使参与者更加感恩方面起作用）。

使用这种研究方法，德斯特诺和他的团队发现，感恩能促进和加强现有的社会归属感（亲近感），而这反过来又能增加给予行为，从而建立和加强关系。他们发现，**感恩作为一种情感状态，比单纯的互惠（回报善意的行为）更能加强关系，并产生与我们所感恩的人建立紧密联系（花更多时间在一起）的愿望，即使代价很高。**他们还发现，与一般的积极情感状态（即幸福）或简单的互惠规范意识（"你帮助了我，所以我会帮助你"）相比，感恩的情感状态是对帮助行为更有力的刺激。这一发现甚至适用于帮助陌生人以及助人代价高昂的情况。在另一个测试感恩如何影响金钱捐赠的实验中，德斯特诺和他的同事发现，与对照组的参与者相比，感恩程度较高的组对他人（包括陌生人）的金钱捐赠要多出 25%，即使是以自己的收益为代价。

因此，当人们心存感恩时，无论他们是自己达到这种情感状态，还是在实验室实验中被演员操纵，都有助于他们更加关注他人，并通过给予他人来采取行动。综上所述，这一系列的研究支持了这样一个观点：感恩是成为奉献主义者的强大动力。

感恩

老人将他们的智慧传授给年轻人的给予行为被称为"传承"，它与老年人更高的生活满意度和幸福感有关。年轻人的感恩之心促使他们为自己的社区做更多的事情，这种称为"上行传承"的现象，能为年轻公民提供同样的好处。

加州大学戴维斯分校的罗伯特·埃蒙斯（Robert Emmons）博士及其同事进行的一项纵向研究发现，感恩之情预示着孩子们渴望更多地参与到他们的邻居、社区和世界中去。研究人员首先测量了 700 名初中生参与者的感恩之情、亲社会行为、生活满意度和"社会融合"（他们有多大的动力利用自己的技能帮助他人，并与比自身更重要的事情建立联系），并定期跟踪调查，持续 6

个月。

研究开始时，最富有感恩心的青少年更有可能通过服务他人来回报他们的社区。感恩是点燃"奉献主义"巴士的点火器。一旦巴士开动，孩子们就会更多地参与到宏观层面的善举中，车就会继续在良性循环中前进。激励一个孩子冲破头脑的禁锢，看看自己可以为整个世界做些什么——即使只是在他们自己的地盘上——教他们感恩的重要性就是一个很好的开始。

谨上

《真实的幸福》(*Authentic Happiness*)的作者塞利格曼提出了一种叫作"感恩拜访"的做法。它是如何运作的呢？想想有哪些你没来得及向他们表达足够感恩之情的人，现在去拜访他们，充分表达感恩。他发现这会增加给予者和接受者的幸福感。

进行"感恩拜访"的想法可能会让人感到有些不舒适。比如，如果你敲开某人的门说："三十年前你在操场上为我出过头，这真的对我意义重大。"如果你突然出现在他们面前，把情绪倾泻到他们身上，这对你们两个人来说都超级尴尬。没有人希望这样，对吗？这种恐惧是"自我偏见"的另一种说法，关于别人会怎么看你，或不会怎么看你，请相信自己的判断。当然，自我偏见是以自我为中心的，因此不是奉献主义心态，而且，重要的是，科学表明它通常是错误的。

芝加哥大学的尼古拉斯·埃普利（Nicholas Epley）博士的一

项研究是让参与者写感谢信，并要求他们预测收信人的惊讶、快乐或尴尬的感觉。随后，研究人员对这些收信人进行了检查，询问他们的实际感受。研究人员发现，写信的人完全低估了信会给收信人带来的惊喜感和幸福感，而高估了收信人的尴尬感。事实上，收信人通常根本不觉得尴尬或难堪。埃普利的结论是，当我们一味地淡化感恩表达对他人幸福的影响，一味地夸大感恩接受者的尴尬想法时，就会使人们不敢做和不敢说那些会增加自己和他人幸福的善事。这导致我们对感恩的力量利用不足。因此，这里有一些基于证据的建议：别自以为是（以及别错误地将尴尬与由衷的感恩之情联系起来），开始利用"我感谢你"的力量。事实上，感恩作为一种强大的科学，能让你成为最好的奉献主义者，所以我们要为你开出处方。

举个例子：当马兹和库珀医院的其他高级管理者开会时，他们经常做的一件事是在组织里选人（不仅仅是像护士和医生这样的临床医务人员，还有那些辅助人员——例如，登记员、保安、厨师、保洁员、维修员），去表扬他们所做的努力。作为一种感恩的做法，马兹和职位在副院长以及以上的人员都会给那些值得特别感谢的人写感谢信。感谢信的内容既不长篇累牍，也不华丽煽情。他们通常只会说"非常感谢您在那个项目上做得这么好"或者"您对那个患者表现出极大的关怀，谢谢"之类的话。当马兹第一次开始这样做的时候，就像组织中的其他管理者一样，在真正的纸上写信，把收信人的家庭地址填入地址栏，然后把信放进邮箱。这种关系性的感恩给予是他工作中最喜欢的部分之一。

有时，马兹也会收到一封寄到家里的感谢信。一天，他的妻子乔安妮在一堆东西里便发现了一张，问道："这是什么？"

他解释了寄出感谢信的新做法。她说："太愚蠢了吧，没人在乎这些。"（顺便说一句，我们现在知道这个观点是没有证据的。）

更多的信不断寄来，有时一周一两封。大约一个月后，库珀医院的心脏病专家乔安妮说："会有人给我寄信吗？我好想收到一封啊。"

马兹说："没人会这么愚蠢吧。"

她让他闭嘴，他赶紧照做。不久之后，她还真收到了一封，读来一点也不老套，更不尴尬。她真的很高兴。马兹抿了抿嘴唇，没有说"我告诉过你"，这是一种明智的"关系维护行为"，对双方都有利。公平地说，绝大多数时候，乔安妮更有理由说"我告诉过你"，而实际上她压根不会这样说。

感恩的奉献主义的处方：作为医生，我们建议你每周至少写一封真诚的感谢信（或电子邮件），并将其发送给真正值得感谢的人。虽然我们规定了这种行为，但这应该是你自己的意愿，而不是人为规定的。正如我们已经展示的，如果给予的动机不是自主的，你就不会得到它的好处。当我们说"一周一次"时，并不是说"做一次，就可以不管它了"。你必须在日常练习中培养感恩之心，并使之成为一种习惯，就像每天吃药一样，这样才能看到显著的变化。

这种做法迫使你有意识地反思文字背后的感受。无论你是否感受这种情绪，这些话语本身可能别无二致。但是，如果你感受到了感恩之情，并有动力为他人提供更多的服务，"神奇四侠"的激素就会被重新释放，你会立即开始获得所有好处。如果花 5 分钟时间来撰写感谢信（并进行反思），你就已经完成了"每天 16 分钟"目标的近三分之一。

信没必要很花哨，也不一定非得手写。"亲爱的某某，我必须让您知道，对您和您所做的一切，我有多感恩（补充细节）。谢谢你。"如果感情是发自内心的，具体的措辞并不重要。

最后，我们想借此机会对读者们说声"谢谢你们"，感谢你们读到这里，感谢你们容忍我们引用各类流行文化。在这方面，我们实在控制不住自己。

人生的意义在于找到你的天赋。

人生的目的就是把它贡献出去。

——毕加索

第十三章
要有目的性

到目前为止，我们已经在几个不同的背景下讨论了目的。

首先，我们宣称"激情不是目的"，试图说服你通往满足感和成功的道路是为他人服务的追求，而不是沉溺于对音乐或摩托车越野赛的热爱。

我们还谈到了有人生目标的具体健康益处，成为比自己更伟大事业的一部分，可以为他人带来改变。人生目标可以被定义为"一个每天早上起床的好理由"，科学表明，如果关注他人，你可能会更长寿——拥有一颗健康的心脏，避免致命疾病，你还会得到其他好处，如压力更小，睡眠更好，也会更成功。

在这一章中，我们会给你开一个关于目的的处方。

一个人如何才能变得有目的性呢？如何在你的日常生活中做出改变去关注他人呢？你需要特殊的眼镜吗？需要一个在你每次使用自我关注语言（"我"或"我的"）时都会发出嗡嗡声，提醒你用"你"和"我们"代替的电子设备吗？事实上，这个小发明肯定超级酷，它甚至有可能拯救生命。比心脏起搏器更有用！不幸的是，它还不存在。

获取满足感的循证方式不是追逐激情或梦想。而是尽你可能发现最大需求，然后满足这个需求（为他人服务）。

到现在，你已经学会了有意地、积极地向外发光。要有目的性，要多做一点。四处寻找帮助他人的方法。提出正确的问题。向人们寻求信息，看看你何时能为他们带来改变，以及如何服务他们从而改善他们的生活——这样做对你自己的健康、幸福和成功也能产生深远的影响。

询问

直觉敏锐的人能和别人感同身受。这种技能被称为"共情准确性"（empathic accuracy）——但除非我们向别人询问他们在想什么，否则我们可能永远都不会真正知道。如果不问，我们就失去了服务的机会。

科罗拉多大学医学院的一项研究让人大开眼界：研究人员向在急诊科接受治疗的患者分发了卡片，询问他们："你最大的忧虑是什么？"

患者写下了他们的答案。然后，研究人员将患者最大的忧虑与急诊科分诊护士在病历上列出的主诉（导致他们来医院的症状或状况，如胃痛或脚踝扭伤）进行比较。**患者最大的忧虑往往与他们起初来到急诊科的原因无关。事实上，患者最大的忧虑与他们的主诉相符的情况只占 26%。**如果医生除了患者的主诉外一概不问，那么患者的潜在状况（如成瘾）或严重危险（抑郁症）可能就不会被发现，患者也不会提起，更别提得到治疗了。

显然，医生需要询问患者的忧虑和症状，以便为他们提供最高质量的、以患者为中心的护理。我们最初在《同情经济学》上报道了这项研究，此后我们就询问患者和家属："你最大的忧虑是什么？"他们被真正摆在他们面前的东西所震撼。我们可能不知道他们内心的痛苦，也不知道我们能提供什么帮助。

如果我们都能习惯性地问身边的人："你最大的忧虑是什么？"我们可能会为我们所听到的答案而感到震撼，但这将为我们带来新的影响机会（opportunities for impact），否则我们将永远不会知道有这样的机会存在。明确地询问忧虑，会得到一个不加掩饰的、直白的回答，这将帮助你找到一个需求并满足它（这是你奉献主义的目的）。"你好吗？"这种问题很敷衍，谁也帮不到。根据我们的经验，即使患者内心深处很痛苦，有人问他们"你好吗？"时，他们通常也会机械地回答"还不错"或"很好"，即使事实并非如此。为什么？因为在当时问这个问题就是错误的。

汉斯·谢耶（Hans Selye），又名压力博士，发现"你需要帮助吗？"或"有什么我可以做的吗？"这些问题在被问者的耳朵里是一种相当于说"不，谢谢，我很好"的邀请。相反，问一个不能用"是"或"不是"回答的问题，例如塞尔耶博士建议的"我今天能做什么来帮助你？"或是"我能做些什么让你的一天更好一点？"这种问题是向对方暗示，我们真的想知道我们能提供什么帮助，并促使对方做出诚实的回答。然后，当你得到一个答案时，尽你所能去回应这个需求。

从小事做起，问你身边的人一些正确的问题，这最终会成为你的习惯，成为你自然而然与人交流的方式。举个例子：斯蒂芬问妻子塔玛拉（Tamara）"你好吗？"时，他得不到任何行动指令。但当他问："我怎样才能让你的一天过得更好点？"她总是能想出一些事情，比如接他们的女儿和买一加仑牛奶。当他带着女儿和牛奶回到家时，他觉得自己帮到了妻子，并获得了足够维持到第二天的血清素。

我们发现，作为领导者（马兹是首席执行官，斯蒂芬是系主任），最有价值的经历是注意到同事的困难，邀请他们到我们各自的办公室，并关上门保护隐私。通常情况下，当人们被叫到老板的办公室时，他们都很警惕，认为会受到训斥和警告。但我们不指责或批评。我们打算燃烧自己照亮他们，并对他们说："我很担心你，我想知道我能为你做些什么。我能帮你什么忙吗？"

一个意想不到的领导力经验：直到你足够关心他们，并问出口，你才能知道人们背负着怎样的痛苦。人们可能会被这种表现出的同情心和有意提供的帮助吓一跳，然后泪水夺眶而出。至少他们卸下了他们试图隐藏的面具：他们的家庭生活正在崩溃、他们刚刚得到了一个糟糕的诊断或者他们感到全然不知所措。一旦真相大白，我们就尽我们所能帮助他们。如果你问了一个棘手的问题，你必须准备好答案，即使你没有办法或不能解决同事的问题。

有一次，一位同事透露她刚刚被诊断出患有一种非常严重的使人衰弱的渐进性疾病。我们服务她的方式是让她谈论她是如何应对的，经常询问她还需要什么，并且不遗余力地保护她的隐私（她不想让任何人知道她生病）。几年后，由于疾病的影响，她不再能够按照她一贯的高标准完成工作，我们中的一个人帮助她按照自己的方式退出组织，最重要的是，维护她的尊严。随着时间的推移，这段经历帮我们建立了新的纽带和特殊的关系，并一直延续到今天。

但"问与答"模式并不适合所有情况。在重症监护室，也就是斯蒂芬的领域，比如当患者得到的消息是，病情严重，无法治疗时，通常来说，没有什么语言可以让他们或家属感觉更好。在那一刻，服务他人的最佳方式可能只是陪他们一起感受痛苦，并保持沉默——"出现并闭嘴"。沉默地服务他人是一种无须言语的交谈，"我不能改变现状，但我关心。我在这儿，我哪也不去"。

提出正确的问题有时需要一点勇气。要求别人敞开心扉，你就承诺了要帮助他们，这可能看起来很可怕。没有准备好或没有能力提供帮助的恐惧，甚至会成为人们询问问题的一大障碍；他们认为自己需要成为一个"解决问题的人"。但你并不总是需要提供解决方案或摆平任何事。在场本身就是意义所在。只要出现在某人面前，或在他们需要交谈时主动接他们的电话。这本身就是有目的的。有时，你只要在房间里，告诉人们他们并不孤独，这种行为本身就有意义。

不要因为恐惧而停止询问。如果你从来不问，你就不知道你错过了怎样的奉献主义机会。用肤浅的询问粉饰太平，掩盖人们的感受和忧虑——"你挺好？太棒了！"——只会让别人觉得不能打扰你。

与人为善，因为人活着都不容易。

—— **Ian Maclaren**

10-5 法则

当马兹在华盛顿和李大学读本科时（加油，年轻人们！），他了解到学校的"说话传统"，即当你路过某人时一定要打招呼。它后来被改编为"10-5 法则"，马兹仍沿用至今。遵循这个法则，可以让你更容易关注他人，甚至可能发现需要帮助的人。

注意！寻找询问或提供帮助的机会。

这个法则是：

如果你走到离某人不到 10 英尺（1 英尺 =30.48 厘米）的地方，向他们点头或微笑打招呼。

如果你走到离某人不到 5 英尺的地方，说句"你好"或"天气不错"。

这就是你的雷达如何捕捉到"奉献主义"的机会，而不是像我们现在很多人那样，低头盯着手机，边发短信边走路，错过了今天谁可能需要帮助的线索。通过练习10-5 法则来帮助你每天腾出 16 分钟来关注他人。晚上只需在家附近散个步就能让你兴奋不已。

为他人负责

作家维克多·弗兰克尔（Viktor Frankl），同时也是奥地利心理学家、神经学家以及大屠杀的幸存者，他在《活出生命的意义》（*Man's Search for Meaning*）一书中讲述了第二次世界大战期间他在纳粹集中营的经历。他发现，集中营中崩溃最快以及死亡最早的人是那些在集中营外没有挂念的人。那些幸存下来的人在集中营外有对生活的追求、有承诺、有目标，这给了他们继续前进的力量和技能。

正如他所描述的，问"什么让我幸福？"对你没有任何好处。你的思想便会集中在生活的不如意上。但是，问"生活对我的要求是什么？"就容易消除欲望以及不满，并将你的思想集中在"为什么"上。在最黑暗的历史时期，目的能拯救生命和思想。弗兰克尔写道："一个人如果能意识到，自己要对一个深情等待他的人或一项未完成的任务负责时，就永远无法抛弃自己的生命。他知道自己'为什么'而活，并能'以任何方式'活下去。"目前的研究成果有力证明了弗兰克尔观察到的现象。

目的，是承担起为他人服务的责任，是为对方做我们能做的事。我们对我们的同胞负责，在痛苦的时候，我们应该在那里。当我们不这样做时，画面让人震惊。在 2021 年纽约发生的一系列暴力事件中，城市居民看到一段闭路电视视频，其中一名中年男子在光天化日之下于时代广场一家酒店前暴力袭击一名老妇人。这起袭击事件已经够可怕了，但真正让观众感到厌恶的是这家酒店内的三名男子，他们看着这起事件，除了关上门，什么都没做。不帮助和不服务他人违背了我们的人性，当我们看到公然无视他人的例子时，我们会自省。所有的纽约人都不得不扪心自问："在那个暴力狂离开后，我是否会挺身而出或至少赶去帮助那个躺在地上的女人？"

普林斯顿大学著名心理学家约翰·达利（John Darley）和丹尼尔·巴特森（Daniel Batson）通过普林斯顿神学院的学生（也就是受训的牧师）进行了一项著名的研究。他们将这些神学院的学生随机分配到干预组，让他们阅读关于"好撒玛利亚人（the Good Samaritan）"寓言的段落（对被殴打并被遗弃在路边的陌生人给予同情性帮助的信息），让对照组阅读关于神职的普通段落。读完这段经文后，神学生们被要求走到校园的另一栋大楼，就他们刚刚读过的经文做一个简短的演讲。但这就出现了随机选择的第二个方面——"匆忙条件"。研究人员随机告知每组中的一半人要抓紧时间，因为他们的演讲要迟到了，而告知其他人还有时间。（注意：他们中没有人真的会迟到，他们只是误认为自己会迟到）。他们知道目的地在哪里，也知道去那里需要多久。因此，在两个随机分配的条件下，有四组参与者：①匆忙的好撒玛利亚人阅读组；②不匆忙的好撒玛利亚人阅读组；③匆忙的对照组；④不匆忙的对照组。

在他们去另一栋大楼演讲的路上，遇到了一个需要帮助的陌生人，这个人衣衫不整，躺在一条小巷子里，呻吟着，显得很痛苦。当然，瘫倒在地上的"受害者"是实验的一部分。

学生们会停下来提供帮助，还是会忽略路上的受害者？总的来说，40%（16 名）的学生直接或间接地提供了帮助，这意味着其他 60% 的培训牧师甚至都没有回头看一眼受害者。虔诚程度并不能预测学生是否会停下来帮忙，但如果他们停下来了，特别虔诚的神学院学生会有更高的"帮助评分"，这意味着他们提供的不仅仅是间接的帮助（告诉另一个人，"那边巷子里有人在呻吟"），或者问"你还好吗？"。评分最高的帮助者留在了这名男子身边，坚持要把他送到医务室接受治疗。

研究人员发现，提供帮助的主要预测因素是人们是否认为自己很匆忙。事实上，他们中的一些人在匆忙中从受害者身上踩了过去。不着急的神学院学生中有 63% 的人停下来给予有意义的帮助；在那些赶着去赴约的人中，只有 10% 的人这样做了。一些"匆忙"的学生在实验后的采访中承认，他们看到了受害者蜷缩在小巷里，但他们太专注于自己的事情，没有意识到他需要帮助。另一些人看到他这样的状况会感到焦虑，但他们太赶时间了，于是忽略了他的需求。

即使学生们急于做一个关于好撒玛利亚人的讲座，并且停下来帮助在地上痛苦呻吟的人是正义的，但大多数人却做了相反的事情。在遇到这种事件之前，阅读好撒玛利亚人的寓言，并不能预测到帮助行为。因此，我们可以得出一个结论：达利博士和巴特森博士有很强的幽默感。他们总结称："随着我们日常生活节奏的加快，道德规范变成了一种奢侈。内心的冲突，比起来麻木不仁，更能解释他们没能停下来的原因。"

这里所说的冲突是无休止地关注自我与关注他人之间的冲突。如果我们在仓促、匆忙的生活中过于专注于自我，而没能帮助那些明显需要帮助的人，甚至无视他们，我们就没有履行人类对彼此的责任，即使帮助他人与我们的价值观相符。如果我们假设关注他人的目的不仅仅是看到呻吟的受害者，而是冲过去帮助他们，我们就在积极地实现我们对彼此的目的，并且可以从我们的努力中获得可观的收益。你想成为谁？是跨过去 / 绕过去（没看见）的那个？还是帮忙的那个？

我们的医学院——罗文大学库珀医学院，以"服务性学习"而闻名。除了传统的医学院课程外，我们的学生还希望他能以某种有意义的方式为新泽西州的卡姆登社区（按家庭收入中位数计算是美国最贫穷的城市之一）服务。这是我们学校出名的原因之一，所以选择罗文大学库珀医学院的学生都知道，服务是在此学习的一个关键部分。一些学生为卡姆登小学的孩子做课后辅导。有些学生为无家可归的人提供袜子、水和免费诊所的转诊服务，这个项目叫作"街头医疗"。一些学生在卡姆登的"食物荒漠"中种植营养食品。正是因为这样的成功，罗文大学库珀医学院获得了美国医学院协会颁发的斯宾塞·福尔曼杰出社区参与奖，这是一个含金量很高的奖。罗文大学库珀医学院的精神建立在为卡姆登社区服务的承诺之上，它使学生在整个医学院求学期间获得一种特殊的奉献主义体验，这也是我们的学生如此热爱我们的学校并感到与之联系紧密的原因之一。

对自己负责

在库珀医院，两位非常特殊的初级保健医生目睹了治愈难度最大的患者是如何凭借树立人生目标而改善健康的。亚历山德拉·莱恩（Alexandra Lane）医学博士和詹妮弗·埃布拉欣斯卡斯（Jennifer Abraczinskas）医学博士，在一个专门照顾有最复杂护理需求的患者的门诊工作。有时医疗服务提供者冷酷地将这些患者称为"常客"，因为他们频繁地被送进医院。除了严重的慢性身体健康（有时是精神健康）问题，他们通常还涉及非常复杂的社会经济因素，如贫困和缺乏社会支持，使他们的医疗保健复杂化。

这是医学专业里最棘手的专业之一。然而，对莱恩医生和埃布拉欣斯卡斯医生来说，照顾有最复杂护理需求的患者已经成为一种使命，他们为一些患者带来的惊人结果就是证据：得到他们悉心治疗的患者健康状况更好，生活质量更高，住院次数更少，所需费用也更低。

在他们的实践中，影响患者健康结果的因素是错综复杂的，在与患者建立长期关系后，他们发现，有人生目标是改善健康的最佳动力之一。医生们观察到，那些最有可能好转的高需患者，心中存在一些能赋予他们生活意义的东西。如果医生能够帮助他们与这个目的联系起来，并使他们的健康目标与他们的价值观相一致，那么效果就会非常显著。

举个例子，我们这儿有一个中年患者，我们都叫他罗伯特。罗伯特快到五十岁时，他的健康状况每况愈下，他每月至少要去急诊科一次，而且经常需要住院。他患有严重的高血压、心脏病、药物滥用失常和抑郁症，而他小时候遭遇的暴力使他的病情更加严重。他要照顾同样贫困的年迈母亲。他的眼睛也有问题，需要在室内戴太阳镜，虽然这对电影明星来说不算什么，但使罗伯特不那么平易近人，导致他孤独和抑郁。罗伯特觉得他的生活正在失去控制，他不知道下一次去医院是否会是他的最后一次。

值得庆幸的是，他转而被介绍给了莱恩医生和埃布拉欣斯卡斯医生。他们在照顾患者时秉承奉献主义，他们富有同情心，因此他们不仅看到了他庞杂的病史，还看到了他身处困境急需帮助。他们着手查明患者多年来难以治愈的疾病和药物滥用的根本原因，并与他一起确定他的人生目标。他以前从未树立过任何人生目标。

久而久之，罗伯特开始信任医生，并与医生们分享了很多自己的人生故事。随着罗伯特的健康状况的改善，他与社区的联系越来越紧密，向有需要的人伸出了援手。看到这些，医生们备受鼓舞。莱恩和埃布拉欣斯卡斯鼓励他继续服务他人。这两位备受鼓舞的医生在罗伯特的帮助下开发了一个新项目，将高需求患者与他们的人生目标联系起来，从而改变他们的健康状况。

事实证明，这个新的开始对罗伯特来说无异于奇迹。他开始积极为他的教会社区服务，社区中许多人本身很穷，患有药物滥用失常和复杂的慢性疾病。他发现这项工作意义非凡，令人活力满满，在教会"家庭"中服务他人因此成为罗伯特新树立的人生目标。这也为他提供了一种参与精神生活的方式，一种他感觉数年前就离自己远去的精神生活。

因此，罗伯特有了更好地照顾自己的新动力。他知道，只有掌控自己的健康，他才能够有效地服务并对他人产生最大影响。他第一次完全停止了药物滥用。由于头脑清醒，他能够严格遵守规定的药物治疗方案。他从来没有错用过任何一剂药。他感觉很好，能按时去看心理健康专家。他终于能够进行他需要的眼科手术，这样他就不再需要一直戴着墨镜。虽然他的生活起起伏伏，但有了目标后，他感觉到自己焕然一新！罗伯特成为他周围所有正在挣扎和需要帮助的人的光辉榜样。

罗伯特仍然患有慢性病，但自从他把自己的生命重新投入到服务他人的工作中后，他过夜入院的次数已经大大减少。他的健康和整个生活都发生了 180 度的大转弯。

当我们下定决心用目标来满足自己的需求时，我们就能影响和激励他人也这样做。目标是推动良性循环的力量。

许多人对真正的幸福有错误的认知。真正的幸福不是自我满足，而是忠诚地为值得的目标自我奉献。

——海伦·凯勒

睁大双眼

日常生活中，人们有目的地帮助他人，也因此提升了自己的幸福感，他们的所作所为令人振奋，不断激励着我们。研究发现，即使再不起眼的善意行为，也会增强人生活的意义感。只需关注正在发生的事情就能找到实现目的的机会。如果有人或群体在呼救，献出你的时间、才能或财富来予以帮助，你的爱心就会被放大十倍。

在新冠疫苗推广的早期，疫苗的供应量很少，需求量很大。人们几乎预约不上。对不懂技术的老年人来说，预约尤其困难，他们不会浏览各州的 Vax finder❶ 在线门户。全国的基层志愿者们看到了帮助老年人——最需要疫苗的人——打疫苗的必要性。马拉·布罗得福特（Marla Broadfoot）在《科学美国人》（*Scientific American*）杂志上发表了一篇文章，写到了来自肯塔基州的十几岁的表兄弟建立了一个脸书页面，指导 700 名老人完成验证过程，并帮助他们预约。来自马里兰州的一群教师利用社交媒体寻找需要帮助的且以西班牙语为母语的老年人，并浏览了数十个疫苗搜索网站，输入了他们收集到的 400 多个名字。谷歌公司的一位工程师意识到，对普通人来说，找到一个打疫苗的地方让人头疼，在 200 名志愿者的帮助下，他创建了一个网站，跟踪了整个加利福尼亚州的每一个有疫苗存货的注射点，每天为数万人服务。该网站的创始人马尼什·戈雷高卡尔告诉布罗得福特："这可能是我做过的最有影响力的事情。我也做过其他志愿服务，但这次志愿服务相当于直接救了别人的命。打不上疫苗会让这些人又羞愧、

---

❶ Vax finder 是由麻省政府官方开设的用于寻找疫苗注射点的网站。

又害怕。"

这些人睁大了眼睛，从一次志愿服务他人的经历中得到了回报，他们将永远铭记，并在余生中继续受益。这将激励他们做更多的事情，感受到持续的振奋，并激励和鼓舞其他人找到他们自己提供帮助的方式。我们都应该留意如何做我们力所能及的事，并把每一个有目的且为他人服务的机会看作是我们送自己的礼物。

要有目的性的奉献主义处方：正如我们一直在说的，跳出大脑的牢笼。不要再为追求荣誉和成功而匆匆忙忙地过日子，睁开眼睛看看我们所共处的世界。你身边的人需要你的帮助，为他们服务并不需要太多。但要做到这一点，并收获奉献的好处，你必须看到他们，鼓起勇气去询问并帮助他们。

这是我们对彼得·帕克原则的改编：目标越大，责任越大。但在承担责任这一刻起，我们也会拥有足够改变我们自己以及整个世界的力量。道理就是那么简单又深刻。

只有相信一个人的看法，而不是你想象
中他的经历，你才能与这个人的经历产
生共鸣。

——**布林·布朗**

第十四章
寻找共同点

你可能知道这一章即将到来。在此之前，我们已经提供了证据，证明我们对其他人的假设（如低估他们的利他主义和对他人的关注）往往是错误的，甚至可能阻碍我们自己获得健康和幸福。而现在，我们正在撰写一份正式的奉献主义处方，为的是做一件似乎在我们的超极化文化中越来越具有挑战性的事情：对他人有同理心，并和与你有分歧的人找到共同立场。

他们说，扼杀华盛顿特区文明的最大原因是喷气式发动机。在周末，政客们过去常常逗留于此，互相交流。但在过去的半个世纪里，他们一直坐飞机回家，如果他们真的在华盛顿闲逛，那也是与他们自己派系里的人闲逛。如果他们真的一起吃饭或者在周日礼拜中碰面，那么就很难在有线电视新闻中抨击对方。这些天来，政客们因为与对立党派的同僚吃饭而遭到同派系同僚的羞辱。和解被认为是软弱，甚至被认为是投降。

互联网算法的兴起，使我们进一步陷入自我的泡沫中。如果你还没有察觉，请看《监视资本主义：智能陷阱》（*The Social*

Dilemma)，这是一部在网飞 ❶ 上播放的纪录片，解释了人工智能如何跟踪我们阅读、发布和搜索的一切，以便准确地找出要卖给我们的产品。人工智能数据收集的一个副作用是，它比那些关于鞋子和度假的定向广告更加无孔不入。出现在你的各种新闻订阅中的每个链接都已经与你的既定意识形态相匹配。你不太可能看到与你的信仰体系不一致的文章。我们正被系统地分成基于算法的派别，你越是接受一种世界观，肯定它的信息就越极端。我们的泡沫其实更像气球。毕竟，泡沫是透明的。你可以看透它。

我们两个人都重视从不同的角度阅读新闻。马兹经常在媒体上露面，但有时他的"大帐篷"观点 ❷ 使他成为新闻节目中不受欢迎的嘉宾。不止一个电视台的制片人拒绝让他参加评论节目，除非他答应以特定方式抨击某人。当他说，"我的观点比那个人的更微妙"时，一位制片人挂断了他的电话。有一次，他被招募为一个新闻网络节目的固定嘉宾，但这个节目并未得到播出，因为他们找不到足够多的不偏向某一方的固定嘉宾。微妙的观点不能保障收视率。当他在其他电台和电视节目上，表达了基于科学的观点，展示了一个问题的方方面面后，他会收到几十封来自保守派观众的电子邮件，说他是左派的代言人。同时，很多自由派观众也会写信谴责他的保守观点。他们都听了一模一样的内容，但他

---

❶ 指美国的一家会员订阅制的流媒体播放平台。——编者注

❷ 大帐篷观点是指包容不同的政治和社会观点。

们只听到了他们想听的东西（或他们的耳朵准备听到的东西）。人们越来越难以找到同理心，甚至试图从"另一个"侧面影响他人。

同理心的奉献主义的处方：假设不同背景或不同意识形态的人都是道德的或正常的，并进一步假设他们的意图是好的。就从这里开始。

科学表明，我们对对立党派的妖魔化是随着时间的推移变得越来越严重的。加州大学洛杉矶分校政治学教授林恩·瓦夫雷克（Lynn Vavreck）博士在《纽约时报》上发表了一篇题为《身份的衡量标准：你和你的政党结婚了吗》（*A Measure of Identity: Are You Wedded to Your Party*）的文章。这篇文章研究了盖洛普咨询公司多年来关于党际婚姻的民意调查结果。1958 年，随机抽样的美国人被问及他们希望自己的孩子会和什么样的人结婚。提到政党归属，绝大多数人说，他们不在乎是哪一方。如果他们的孩子带回家的是民主党人或共和党人，他们也会很高兴。在 2016 年美国总统选举前一周，瓦夫雷克用同样的问题对一个有代表性的样本进行了调查，发现数字发生了很大的变化。大多数受访者非常关心他们未来女婿或儿媳的政治观点。至于那些有强烈政治倾向的人，大约三分之二的人希望他们的孩子与自己观点一致的人结婚，40% 的父母会对跨党派婚姻产生负面反应，而这种情况在几十年前只占 5%。

为了找到共同点，第一步先是承认它的存在。从逻辑上讲，我们都可以同意，不是每个共和党人都是不道德的种族主义者，也不是每个民主党人都讨厌美国、都喜欢纳税、都挥金如土，对吧？

我们确实有共同点

我们都爱我们的孩子。

我们看烟花时都会发出"哦"和"啊"的声音。

我们都会为壮丽的落日余晖所折服。

我们都会在失去爱人时哭泣。

我们都会发誓明天不再拖延。

下周我们都会开始吃得更好并锻炼身体。

不管我们有多么显著的差异，至少我们都是人。如果我们甚至不能在我们的分歧者身上看到基本的人性，那么身处同一个国家，我们都将无法解决问题或发挥我们的潜力。

在医学上，同理心是一种至关重要的临床能力，是推动对患者进行同情关怀的情感桥梁。没有同理心，就不会有同情的行动，因为你觉察不到任何能够采取行动减轻他人疼痛或者痛苦的机会，进而错失良机。因此，同理心是同情的必要前提。但同理心也有一个必要的前提：充分看到他人的人性。没有这一点，同理心就会失灵，从而同情心也就失效了。

作为医生，我们经常能看到，同理心和同情心系统性缺失给本身就有明显健康差异的患者带来影响。在制度层面上，所有的健康和医疗保健差异都可能源于社会对弱势人群的同理心和同情心缺失。你可能听说过"同情心差距"，即一些医疗服务提供者基于种族对某些患者区别对待。例如，研究表明，在治疗有疼痛症状的患者时，由于无意识的偏见，医生有时给黑人患者的止痛药比其他种族的患者少。无意识的偏见是医学界一个非常现实的问题，我们必须直面它才能解决它。

我们在库珀医院的研究小组已经开始从患者的角度研究临床医生的同情心。最终，我们的目标是制定干预措施，通过提高对弱势患者的同情和改善他们的护理来缩小同情差距。

不管你如何看待社会公正，我们都同意所有患者都应该得到高质量的医疗服务。不管你是否相信气候变化是人为造成的，我们都同意干净的空气是好的，而洪水是有害的。

我们需要问对方的问题不是"你站在哪一边？""你是赞成还是反对？""滚石乐队还是披头士乐队？"

奉献主义者总是在思考他们如何能帮助减少不平等和不公正（至少在某种程度上）。我们只需牢记一个问题的答案："今天我可以做什么来让邻居更幸福、让世界更美好？"

我们不需要努力寻找机会。只要睁大你的眼睛，当它们出现时积极回应就可以了。在最近对 246 名成年人（一般人口的代表性样本）的研究中，多伦多大学的研究人员发现，对参与者来说，平均每天有 9 个难得的机会来同情他人，通常是对那些近在咫尺的人（也就是我们在日常生活中经常遇到的人）。重要的是，根据你在本书前面读到的幸福研究，他们发现日常生活中的同理心与幸福感的提高有关，这一点并不令人惊讶。

主队

我们往返于纽约和费城之间，也往返于纽约巨人队和费城老鹰队之间。以防你不知道，我们有必要告诉你，巨人队和老鹰队是两支橄榄球队，两支球队是"死对头"。要是我的一个朋友说"我最喜欢的两支球队是老鹰队和正在打败巨人队的球队"，就会有另一个朋友唱反调。如果我们所有的朋友都能因为对比赛的共同热爱而走到一起，而不是因为支持不同颜色的球衣而互相鄙视，那相处也会更加融洽。

这种敌意会发展到什么程度？对球队的狂热支持会把你变成不良公民吗？

英国兰开斯特大学（Lancaster University）的马克·莱文（Mark Levine）教授（在基蒂·吉诺维斯案中重新审视证人证词的那位研究人员）做了两个关于"社会类别归属"和助人行为的实验。鉴于研究地是英国，所以参与者是另一种英式足球的球迷，即曼彻斯特联足球俱乐部（简称"曼联"）的球迷。首先，45 名大学年龄的男性参与者完成了关于他们对"曼联"忠诚度的问卷调查，这是一种加强和加快他们对球队忠诚度的研究技巧。接下来，他们被告知实验的第二部分是在另一个地方观看一部关于足球的电影。他们被带到隔壁大楼的放映室。

路上，一个男人［实际上是另一个参与研究的人员（演员）］向他们跑过来，然后滑倒了，他抓住自己的脚踝，痛苦地尖叫。

有时，这个演员会穿一件曼联球衣。其他时候，他则穿着曼联死敌利物浦的球衣。（在对照组中，演员穿着一件与足球无关的衣服。）

隐藏的观察员观察着参与者并对其打分，帮助量表满分为 5 分，有的参与者甚至都没注意到有人滑倒，而有的参与者会护送滑倒的人去就医。在 94% 的情况下，球迷会帮助他们"圈内"的人，即身穿曼联球衣的演员。只有在 30% 的情况下，他们会帮助穿利物浦球衣或与足球无关衣服的"圈外"人。他们只是任由他在路边呻吟。一些参与者甚至根本没有注意到那个穿利物浦球衣的人。

在第二项实验中，莱文和团队对 32 名年轻男性参与者重新进行了这个实验。这一次，最初的问卷调查侧重于对足球（"美丽赛事"）的热爱，而不是具体对曼联的热爱。在这种改变下，大约 80% 的曼联球迷帮助了穿着曼联球衣的滑倒者，比他们被激发出对球队的忠诚度时略少。70% 的人帮助了穿利物浦球衣的人，与之前的实验相比，帮助行为增加了 40%。这部分参与者给出的理由是，他现在是"圈内"的足球迷。而穿与足球无关衣服的人则被晾在一边；只有 22% 的曼联球迷关心他，作为一个非足球迷，他是圈外的人。总的来说，没有注意到滑倒受害者的参与者数量也在下降。

吸取的教训是：如果我们通过寻找共同点，来扩大界定圈内人的范围，我们就会对更多人有同理心和同情心，并做出行动。当然，我们并不奢望老鹰队和巨人队的球迷同意这点。

同理心推动

为了增加同理心，你可以用想象力把自己推向一个富有同情心的方向。

想象一下别人的感受。想象一下他们的生活到底是什么样子的。什么样的环境使他们成为现在这样的人？这与其说是一种保护性的、自私的思维过程，不如说是一种被称为"观点给予"的做法，或将你的观点从你的头脑和生活环境中移开，花几分钟，去看看别人的。

早在 20 世纪 80 年代和 90 年代，艾滋病患者通常会因为感染该疾病而被污名化。这种群体思维将责任归咎于患者自己的行为，因为这些行为可能增加了他们患病的风险。一些人认为，如果他们自己带来了疾病，为什么要同情他们？如果你不认识任何患有艾滋病的人，关于这一流行病的统计数据可能不会对你产生情感上的影响。它们是关于陌生人的数字，而不是你所关心的人。值得注意的是：今天人们对这种疾病的看法非常不同，顺便说一下，目前美国艾滋病发病率最高的群体是老年人、异性恋者以及非毒品使用者。

"伊莱恩冲击"和"好撒玛利亚人"实验的创始人丹尼尔·巴特森（Daniel Batson）在 20 世纪 90 年代末进行了一项研究，通过不同的故事框架来测试同理心是否可以被操纵。

首先，参与者被告知他们将听到一个年轻女性"朱莉"的录音，讲述她作为一名艾滋病患者的经历。一组参与者被给予"低同理心条件"，并被告知要客观地听朱莉的故事，尽量不要被她的情绪所感染。另一组参与者被给予"高同理心条件"，并被指示尝试想象她所经历的事情的感受。

结果证明，对朱莉和所有艾滋病患者来说，增加同理心的因素是鼓励听众想象朱莉对她所经历事情的感受。至于那些被要求不要想象朱莉感受、刻意保持客观的听众，他们的同理心没有丝毫的变化。

我们坚信，在和意识形态与我们不同的人打交道时，我们都可以多做一点努力，看看对方的看法，或者至少对他们的不同观点表示尊重。你不必把自己的同理心调整到同意他们的观点的程度。但如果你能转变你的观点，换位思考，你们可能会形成一个相互尊重的纽带，从而有助于找到共同点。

这种方法一举两得。首先，你只有在别人和你谈话的时候才能改变他们的想法。所以带着尊重，你可能会帮助别人改变对你观点的接纳程度。其次，在某种程度上，更好的是，他们可能会改变你的想法，让你认识到自己在某些事情上的错误。一旦你承认自己的错误，你就会更正确。最终，知道自己错了会让你少错一些！对吧？

吃掉整个汉堡，还是扔掉整个汉堡

马兹最喜欢的一个比喻是与汉堡有关的。如果你有一个美味多汁的汉堡，一只苍蝇短暂地落在上面，你会扔掉整个汉堡包，还是只切掉那一部分？我们中的大多数人都会去掉被污染的部分，然后吃掉剩下的部分。有些人（我们中的人）会把整个汉堡吃掉。我们对朋友和同事进行了一次非常不科学的调查，调查显示几乎没人会因为这只苍蝇丢掉整个汉堡。

人就像汉堡包。你会因为一个人的信仰没有通过你的纯度测试而拒绝他吗？如果你真的相信这一点，你就必须屏蔽或绝交你认识的每一个人了。也许你可以把这种冲突先放在一边，带着尊重和欣赏来评判他们。如果你能做到这一点，你可能会发现你们有很多共同点，而且真的很喜欢他们。你们甚至可能喜欢一起吃汉堡。

融入圈外

如前所述，心理学家用"圈内"这个术语，定义身处自我泡沫中的人。"圈外"指的是那些你个人没关系、不同意或不认识的"其他人"。在《选择共情》（*The War for Kindness*）中，扎基博士探讨了在一个人的圈内过于孤立的危险，以及这样的社会孤立如何导致不宽容、偏见和对圈外群体的仇恨。人们越能了解"圈外人"，就越不会憎恨（和害怕）他们。

美国心理学家戈登·奥尔波特（Gordon Allport）博士在其1979 年出版的《偏见的本质》（*The Nature of Prejudice*）一书中写道：相熟可以淡化偏见。当人们相遇并相互了解时，他们会意识到他们有共同的人性。奥尔波特提出了"接触疗法"的概念，他的理论是，仅仅看到圈外群体是不够的，就像任何城市居民走在街上一样。你必须与他们交谈，了解他们，并探索你们的共同点。扎基写道："一个人与圈外人相处的时间越长，他们表达的偏见就越少。接触让人们对形形色色的圈外人产生好感。"

挣脱大脑的束缚，大胆进入其他社交圈，并与你通常不会认识的人接触。马克·吐温曾说："旅行是消除偏见、固执和狭隘的最好方法，因此我们非常需要旅行。永远窝在世界的一个小角落，你是很难获得有维度、健康，善良的人生观。"在这个意义上，"旅行"不一定意味着要飞去国外。它可能意味着只是在你的办公室、学校或邻里中去找一个来自不同背景的人，与他们进行交谈。

来新加坡的研究人员进行了一系列的研究，以测试这样一个假设：如果人们生活在多元种族的社区，他们的认同感会扩大，对不同背景的人更有包容性以及更愿伸出援手。他们发现，生活在多样种族的大都市与在推特上宣传亲社会行为、帮助陌生人以及认同全人类（把人看成是独立的人，而不是群体的成员）之间存在关联。他们还发现，**在 2013 年波士顿马拉松爆炸案发生后，来自多元种族社区的人更有可能自发地向在恐怖行为发生后陷入混乱的人提供帮助。**在最后一个实验中，仅仅要求人们想象生活在一个多元种族的社区，就使他们更有可能愿意帮助有需要的人，做一个乐于包容和助人的人。

打击内偏爱（in-group favoritism，相比于群体外成员，人们更倾向于给自己界定的群体内成员更多好评或更大奖励的现象。属于社会心理学中人际交往的一种，是一种情感反应。）的另一个方法是扩大你圈内成员的定义。如果你扩大"我们中一员"的范围，你就更有可能同情和帮助更多的人，比如拥抱所有球迷，而不仅仅是拥抱同一支球队的球迷。

为了增加同理心和奉献主义的好处，我们需要尽一切可能把更多的人放入我们头脑中的圈内一栏。因为如果我们把别人当作我们的敌人，当我们看到他们痛苦时，我们的大脑实际上可以让我们感觉很好，而幸灾乐祸（以别人的不幸为乐）对我们都没好处。

苏黎世大学的一项研究考察了促使某人帮助圈内或圈外成员的大脑机制。按照惯例，在模拟的现实世界（不是现实世界）里，有电击行为出现。**研究人员将电极连接到一名球迷的后脑勺，然后让参与这项研究的球迷们观看他遭受电击的场面。被电击者可以是他们最喜欢的球队的球迷（圈内），也可以是对手球**

队的球迷（圈外）。参与者可以选择帮助圈内成员或圈外成员，自己承担一部分痛苦，也就是"有代价的付出"，或者无视这种恐怖的画面，转而观看一段足球比赛的视频。

当研究人员用功能性磁共振成像观察参与者的大脑扫描时，根据被电击的人是目击者自己球队的球迷还是对手球队的球迷，他们大脑的不同区域被激活。当参与者看到自己球队的人受到电击时，他们的同理心大脑区域被激活，他们更有可能挺身而出，接受电击。当他们看到对手受到电击时，这实际上是激活了他们大脑中的奖励中心。看到"敌人"受苦的感觉很好，这让他们不太可能提供帮助。

这项研究证明了三件事：我们倾向于帮助我们认为属于自己团队的人，这是有神经科学依据的；当我们的对手感到痛苦时，我们会感觉良好；欧洲心理学研究人员痴迷于研究足球迷。

不过，我们并不是非得要像影片《疯狂的麦克斯》里的人一样嗜血，叫嚣着要看到我们的对手受苦。英国的一项研究发现，如果我们深入挖掘并激励自己去帮助别人，我们就会获得更多的同理心，转而会感觉良好，更有可能在未来帮助和服务他人，等等。**关键的激励因素是，依托想象力的力量，专注于别人的感受。当参与者这样做时，他们比那些保持情感疏离的人更有可能帮助他人。**对他人的同理心会促进奉献主义行为，因为帮助别人产生的良好感觉会激励我们。

博弈论

心理学研究人员发现，研究人类行为的一个好方法是让它看起来像一个有趣的游戏。我们恰好知道几个他们玩过的同理心游戏。

独裁者游戏（The Dictator Game）：这个经济游戏由普林斯顿大学的卡尼曼（《思考，快与慢》的作者）设计，游戏包括两名玩家。玩家一是"独裁者"，决定给（或不给）玩家二（接收者）多少钱。这个游戏的目的是测试不同条件下的利他主义。一项瑞士／德国的研究使用这个游戏来研究公平准则和作为利他主义动机的同理心。在玩"独裁者游戏"之前，参与者要么接受"同理心诱导"——要么设身处地为需要帮助的人着想，要么不接受（对照组）。在游戏前被激发出同理心和"公平性"的参与者，给接收者的钱明显多于对照组。坚持公平的准则，并鼓励同情心，可以成为利他行为的关键动机。通过告诉你自己，"帮助他人是正确的事情"，成为一个更好的奉献主义者。

囚徒困境（The Prisoner's Dilemma）：这是另一个用来测试人类行为的心理游戏，如果你看过警匪片，你就会明白这是怎么回事。两个"罪犯"被关在不同的审讯室里；警探走进其中一个房间说："如果你供出你的朋友，我们会对你从轻发落。"

罪犯回答说："你做梦！"

警探说："好吧，我们把这个提议讲给你的朋友。谁先开口，谁就先得到这个机会。不管怎样，我们都有足够的证据把你们俩都拿下。"

或者类似的话。

也许警察是在虚张声势，在这种情况下，罪犯的沉默可能意味着他和他在另一个房间的伙伴都会被释放。但如果警察不是在虚张声势，罪犯可以通过出卖朋友来拯救自己。最理想的情况是，他们都保持沉默。你是指望另一个罪犯也保持沉默，做出对你们俩都有利的事，还是他会在背后捅你一刀，接受交易？你是否应该抢先一步讲出实情，这样你就不会独自坐牢？这就是进退两难的问题。

故事框架是否影响一个人的决定？根据"游戏的名称"，你是否更有可能尽你所能帮助你的朋友？以色列的一项研究正好测试了这一点，即在经济版的"囚徒困境"中，标签是否会影响人们的帮助行为。

他们进行了两个实验，一个实验的参与者是斯坦福大学的本科生，另一个实验的参与者是以色列飞行员和他们的教官。在这两种情况下，标签对玩家是合作还是背叛产生了巨大的影响。当研究人员将其中一组游戏设定为"社区游戏"（The Community Game）时，三分之二的玩家相信他们的朋友会支持他们。当研究人员在另一组中称之为"华尔街游戏"（The Wallstreet Game）时，三分之二的参与者过了很久才背叛对方。同样的游戏，不同的故事框架，不同的结果。

研究人员确保华尔街游戏的玩家明白，如果他们背叛了他们的朋友，他们仍然会受苦……但他们承受的痛苦比其他人要少，这就是影响他们行为的因素。

奉献主义要点：在所有这些实验中，关键因素是优先考虑同理心。当有意地、定期地给自己"同理心诱导"时，你会更有社区意识和公平意识。这样你就更有可能给予、帮助和服务，并得到所有的好处。否则，你可能会转向自我关注和情感分离，独自行动，只为自己。

忠告

考虑对方的感受，但要小心。一些关于这个问题的思想家对非理性的同情心提出了警告。多伦多大学心理学教授保罗·布鲁姆（Paul Bloom）博士和耶鲁大学心理学荣誉教授大卫·布鲁克斯和苏珊娜·拉根（Suzanne Ragen）写了一本名为《反对同理心：理性同情之论》（*Against Empathy: The Case for Rational Compassion*）的书，警告读者不要同理心过度。太多的同理心会带来大麻烦和无意义的决定。布鲁姆提出了"理性同情"的论点，我们将其解释为，不要在没有理性和正确判断的情况下使用同理心。

此外，如果你的同理心只局限于和你一样的人，那么仅仅能够感受到别人的感受是不够的。"狭隘的同理心"——同理心的范围有限，对圈内群体有同理心偏向，而圈外群体没有同理心——在整体上减少了利他主义。宾夕法尼亚大学和哈佛大学的一项研究考察了敌对群体之间的"移情失败"，这些群体阻碍了任何形式的和平互动。**研究人员发现，圈外同理心（了解另一群体的感受）抑制了伤害，促进了群体间的帮助，但圈内同理心（了解你自己群体的感受）实际上增加了群体间的伤害，阻碍了帮助。**因此，一般来说，同理心对你并没有多大帮助，除非你在乎的是广交朋友，比如和那些你没有意向要去了解或者同情的人交朋友。

休斯敦大学的一项研究在美国政治两极分化的背景下探究了这一现象，发现对自己阵营人的深切关注与两极分化的加剧有关。事实上，**人们越关心"自己的党派"，他们在评价政治热点话题时的党派偏见就越大。**所以，你对那些你同意的人爱得越深，对那些与你意见不合的人敌意就越大。有时，极端的爱与极端的恨如影随形。它们是否会相互抵消，这是我们每个人都要面对的问题。

寻找共同点的奉献主义处方：我们经常谈论利他主义，把你的光束转向别人，照耀别人。要有同理心，我们必须把那束光变成灯塔，这样它就能照得更远，而不仅仅是照在我们面前的人身上。

　　寻找机会去广泛地表达你的同理心，和那些你以前没有接触过的人交谈，让自己了解国内外的其他文化。如果你能在一个群体外交到至少一个朋友，你会对整个群体有更多的同理心，你会更乐于助人、更包容他人，你会以一种不同的（更好、更幸福的）方式看待自己。

　　假设出发点是好的，并寻求理解。敞开心扉，寻找对方感受的积极意图。你们可能永远不会在某些问题上达成一致，但至少你们在讨论这些问题。同理心可以缓和谈话的紧张气氛，也可以降低身体的压力。

　　请不要因为一只苍蝇落在了汉堡上就把它扔掉，太浪费了。

Happiness

我一人之力很难改变世界，但我可以在水面上扔一块石头，激起许多涟漪。

——**特蕾莎修女**

第十五章
看到

　　我们如果稍微关注一下新闻，就会看到关于死亡、自然灾害和政治动荡的报道，这些悲剧令无数人感到悲痛。而面对这样令人痛心的画面时，我们只能摇头。这让人不知所措。我们能做什么来帮助世界上受苦的人呢？

　　"数字偏差"（Numeracy bias）是一种假设，即考虑到需求的范围，仅凭一人之力无法做出实质性的改变——也就是说，如此压倒性的人数，连尝试都变得毫无意义。如果你认为这些数字对你不利，而且计算时感到无能为力，无法产生任何影响，那么你就向这种偏差低头了。由于看不到自己能有何作为而选择不为他人服务，这对你并没有什么好处。睁一只眼闭一只眼可能会暂缓你的痛苦，但每次你把目光移开，你都在与自己的助人本能斗争，不断增加的压力和情感疏离，让你错过了潜在的奉献主义好处。

　　你知道，倦怠的主要原因是感觉自己不能有所作为。在意识到有需要帮助的人时，我们如果感到无能为力，就会产生倦怠。如果我们无法看到自己的付出是如何产生积极影响的，那就好像没有付出过一样。你付出了，幸福感却没有提升。

一些科学家将这种令人沮丧的反馈缺乏称之为"给予者倦怠"（giver burn-out），另一些人称之为"同情心疲劳"（compassion fatigue）。究其原因，不在于关心和帮助过多，而在于你尽你所能给予和帮助时发生了什么，以及你看不出你所做的一切到底有何效果。

在新冠疫情暴发时，医护人员面临着卷入"影响真空"（impact vacuum）的风险。他们竭尽全力帮助患者，积极倡导预防措施，但患者仍不断涌入医院。尽管医护人员尽了最大努力，但仍有一些患者失去了生命。这不仅仅令人沮丧，更让人痛心。然后医护人员会在睡眠不足的情况下醒来，重演一遍这个过程。如果你在想为什么每当有患者顺利出院时，医院的工作人员都会大肆庆祝，那是因为他们看到了自己的努力对这些患者的积极影响。他们需要看到（并感受到）那些个人的胜利。

从长远来看，在疫情中照顾患者的这段艰难经历，实际上会帮助他们成为更好的奉献主义者。研究表明，经历逆境教会人们更好地帮助他人。美国东北大学的研究发现，**在生活中经历过逆境的人，会对他人产生更多的同情心，对数字偏差也会有更强的抵抗力，甚至可能采取富有同情心的行动来帮助他人，即使需要帮助的人数庞大。**也许是因为这些人经历过困境，在更深层次上了解处于困境中的人在需要的时候对其"雪中送炭"有多么重要。是的，在疫情最严重的时候照顾患者非常困难，就算到了今天，我们中有些人仍难以忘怀。但是，孩子们用蜡笔把医生画成超级英雄，把人们给医院送食物的场景画下来，把每晚七点在窗外敲打罐子以示支持的场景画下来，对我们来说都是有意义的，可以激励我们继续前进。我们知道小事不小，这可以防止我们陷入数字偏差中，错误地认为小事情构不成影响。

教师是另一个可能陷于影响真空的群体。他们只与学生工作一个学年，把自己的智慧和善意倾注在每个孩子身上。但是他们并不总能看到自己为纠正四年级捣蛋鬼巴特（Bart）所做的努力有一个长期的效果……除非他们多年后接受塞利格曼式的感恩拜访。一个陌生中年男子出现在他们的门口说："你好，克拉佩尔夫人，我叫巴特，您可能不记得我了，但我四年级的捣乱行为把您逼疯了……而现在我是美国参议员！多亏了您。"

在急功近利的文化环境中，要求人们在未来数年的时间内衡量给予的影响，这可能很离谱。但这并不重要，不是吗？我们不是在争分夺秒地服务他人。这不是一个短期的，或者短视的任务，成为奉献主义者是你的一种生活方式——如果你克服了数字偏差，尽管有大量的人需要帮助，你仍然能积极地帮助他人，同时你可能会更幸福。

奉献主义处方：感受到帮助他人的好处——无论是亲眼所见，还是展望未来。

看见它，感受它

如果你能清楚地看到自己的服务是如何让他人受益的，你就会更有热情，更容易坚持下去。先前，我们提到过一项研究，该研究发现大学筹款人与筹款受益人之间有 5 分钟的互动，筹款人会更加努力、更有效地筹集善款。短暂的相处让筹款人明白了影响的重要性，他们感受到了实实在在的东西。在你给自己的帮助加上一个由头之后，它会变得更有意义，也因此对你更有利。

伊丽莎白·邓恩在她的演讲中解释说，向慈善机构捐赠确实让我们感到幸福，但要真正感受爱，我们需要在捐赠时将受助者的利益可视化。看到受助者的照片，那感觉会幸福得多。正如她所说："在我的实验室里，人们与受助者真正有联系，并能轻松设想到他们给受助者的生活带来的改变时，我们就看到了奉献的好处。"

在一项实验中，邓恩和他的团队首先要求 120 名大学生完成一项关于慈善捐赠的调查（准备阶段），然后根据幸福量表进行打分。接下来，参与者被随机分配一个机会：向两个促进儿童健康的慈善机构——联合国儿童基金会或 Spread the Net❶——其中之一进行捐赠。它们之间的主要区别在于：联合国儿童基金会规模庞大，有些参与者可能会把捐给联合国儿童基金会的善款想象成沧海一粟，几乎产生不了涟漪。另一方面，Spread the Net 的规模要小得多，它向捐助者做出了一个具体的承诺：捐助者每向这项事业捐款 10 美元，它就会提供一个经过杀虫剂处理的蚊帐，以减少受助者感染疟疾的可能性。他们向捐助者呼吁："每两分钟

---

❶ Spread the Net 是加拿大主办的一项慈善活动，旨在为非洲国家提供蚊帐以预防疟疾。——编者注

就有一名儿童死于疟疾，这是一种由蚊虫叮咬引起的疾病，蚊帐可以有效地保护孩子。"

两组参与者捐赠的金额大致相当（平均 5 美元），总体捐赠率相同。然而，与联合国儿童基金会的捐赠者相比，Spread the Net 的捐助者在后续回访中明显感觉更幸福。"这表明，**仅仅向一个有价值的慈善机构捐款并不够，你需要能够准确地设想自己的钱是如何发挥作用的，**"邓恩说，"我们如果希望人们捐赠更多……我们需要创造机会，欣赏人类共同的人性。"最好是有受助者的真实影像。邓恩建议，慈善机构不要向捐款人发放钢笔或者日历了，相反，通过具体的方式向他们展示他们的慷慨是如何帮助受助者的，并将他们与所服务的个人和社区联系起来，为他们提供影响他人的证据。邓恩表示："（人类）已经进化到可以在帮助他人中找到快乐，""让我们停止将奉献仅仅视为道德义务，而开始将其视为快乐源泉。"

你虽然会从对全球大型慈善机构的捐赠中获得一些满足感，但如果你在当地的食物赈济处或者救世军前哨站做志愿者，与你所帮助的人互动和联系，你不需要想象自己给予产生的影响。你会亲眼看到生动的细节，这是一种完全不同的体验，科学表明，他会给你带来更多的回报，也许对受助者来说也是如此。

向莫奈道歉：现实主义击败印象主义

扎基在《选择共情》一书中引用了一张令人震惊的照片——一名叙利亚男孩在逃离饱受战争蹂躏的家园时从木筏上掉下来，

淹死在地中海——这张个人遭受苦难的照片比在身处类似情况下多人的照片更能引起共鸣。当这个孩子的尸体被冲上沙滩的图片通过互联网传遍全球时，捐款如潮水般涌入叙利亚难民慈善机构。扎基说："实验室研究（表明）人们对悲剧中的一名受害者的同情多于对八名、十名或数百名受害者的同情。"

人们对个人（溺水男孩）而不是一般统计数字（叙利亚难民人数）的反应更大，因为他们会对一个人或者一张图产生认同感——这被称为"可识别受害者效应"。根据卡内基梅隆大学的一项研究，"可识别干预效应"——一个慈善机构提供有关其干预措施的具体细节——显著增加了该慈善机构收到的捐款。因此，慈善机构越是提供具体的信息来说明如何使用捐赠者的捐款来帮助受助者，捐赠者就越容易想象出自己的捐款产生的影响。如果捐赠者能够真正设想到这一点，他们会捐赠更多。研究人员敦促慈善机构记住"捐赠者关注细节"。慈善机构能提供的细节越多，其收到的捐款就会越多。

无论你渴望用时间、才华和财富将自己塑造成为什么样的奉献者，你如果有一个清晰、详细的愿景和具体的计划将其变为现实，那么你将更有可能实现目的。在休斯敦大学的一系列研究中，**参与者被随机分配到"抽象框架"的亲社会目标（如让人幸福或拯救环境）或"具体框架"的亲社会目标（如让人微笑或回收利用）。具体目标组报告说，与抽象目标组相比，他们完成目标后会感觉更幸福。**这与视觉化相关，如果你自己被要求让某人微笑，你轻易就想到讲笑话或者赞美别人的计划。参与者对设定和满足合乎实际的预期感到高兴。相比之下，让人幸福的目标可能看起来太大、太模糊，无法想象出一个清晰的行动计划，所以参与者对如何实现其目标感到沮丧，进而在自己未能实现目标时感到失望。

要想收获奉献主义带来的好处，就要在头脑中描绘出一幅清晰、详细和合乎实际的画面，告诉自己怎么做，以及这样做能带来多少好处。

倒带和重播

一旦你在脑海中拍摄了一张高清图片或者在脑海中录制了一则短的"奉献动图"，你就可以回放它，重温这段经历，并一次又一次获得奉献主义带来的好处。

加州大学河滨分校的一项研究随机分配给参与者以下几组完成任务：①做善事；②回忆过去的善事；③做善事并回忆善事；④两者都不做（对照组）。就获得幸福感而言，前三组善良行为之间是平局。然而，回忆善意行为是很容易的（而且是瞬间的），因此，如果你心情不好，情绪低落，需要快速的刺激来振奋精神，研究表明，你可以翻翻大脑中的照片库，点击一段你为他人做出有意义改变的回忆。

西蒙弗雷泽大学对 680 名参与者进行的三项实验发现，**做善事背后的动机，决定了在你想起这些行为时，会有多幸福。如果动机是自主的（不是被迫的）和真实的（发自内心的），幸福的推动力会更加强大。**如果你给予他人的帮助是出于自私、别有用心的动机（为了树立个人形象），回想过去的经历对你没有多大帮助。事实上，它甚至可能会让你感到羞愧和尴尬。

研究还支持这样一种观点，即如果你想通过记忆激励自己在未来成为一个更好的奉献主义者，那么请回忆过去的经历，回忆让你成为"奉献者"而不是"受益者"（也就是说，一个给予者而不是接受者）的经历。格兰特和密歇根大学的简·杜顿（Jane Dutton）在熟悉的环境中研究了这些情况：在一所大学的筹款呼叫中心，32 名筹款人平均在四个月内每天写日记。其中一组被随机安排每天 15 分钟，讲述自己在生活中得到别人帮助的感激之情（"受益者"条件），另一组人在同样的时间内写下自己过去通过帮助他人而激发他人感激之情的经历（"奉献者"条件）。还有一组作为对照组，不写日记。

两组都增加了每小时的通话次数和总通话量。但奉献组的上升幅度明显大于受益者组。回想他们通过自己的善举激发别人的感激之情，他们会感觉良好，便激励自己努力地筹措善款。

作为接受帮助的一方，我们也会受到鼓舞。我们充满感激之情，也有助于提高我们的幸福感。但是要想获得持久的积极影响，就回忆是如何帮助他人，即使是多年之前发生的事情，也能激发我们给予更多。格兰特和杜顿写道，奉献的好处在于"可以通过增强奉献者身份的卓越感和认同感来鼓励亲社会行为"。

你如果把自己想象成被超级英雄拯救的人，那么就不会按奉献主义的标准坚持给予行为。但是，你如果把自己想象成超级英雄——披着斗篷，拥有一切，你就会实现自己的愿望，一跃便能跳过高楼大厦，或者与世间的不公做斗争……或者只是让某人展露笑颜，这个人也可能是你自己。

团体照

在社会科学领域，"规范"一词并不是指我们所理解的"普通"或基本的主流类型。它也不是指让数学老师的审美看起来激进又酷炫的"极简风"。社会规范是我们每天随处可见的标准行为模式。除非某人主动地试图颠覆规范，当行为符合社会标准时，大多数人都会感到舒服。但我们必须看到这些规范，才能遵守。如果你对自己所在社区的利他主义规范有一个"瞄准线"，你可能会意识到人们比想象中更有奉献精神，这将促使你变得更加利他。

哈佛大学的埃里卡·威兹（Erika Weisz）博士对在青少年中建立同理心进行了研究，青少年对自己如何融入社会特别敏感。威兹和扎基要求一千名旧金山湾区的七年级学生写下同理心重要性和有用性的文章，然后让他们互相阅读。在交换文章过程中，这些青少年看到了他们的同龄人对给予的个人积极感受是如何与自身相匹配的（尽管他们可能对彼此的自我关注有所假设）。参与者还阅读了来自斯坦福本科生关于利他主义重要性的笔记，这个学校是旧金湾港区学生的梦中学府。最后，研究要求这些青少年想象如何向来自不同学校的学生吹嘘自己是多么无私，从而是多么酷。这项研究的重点是证实**尽管青少年可能会相信班级里有威信的人（霸凌者和"受欢迎"的学生），但普通学生实际上是在乎关心他人的。看到这一证明，能促使青少年对他人有更多的**

同情心，随之变得更加善良、更加慷慨。 当奉献被视为既定的规范时，青少年希望符合规范。

在另一项研究中，威兹及其同事将 292 名大学新生随机分组：①学生被告知他们的大脑功能是可塑的（神经可塑性），以及他们自身的行为可以增强同理心；②学习社会规范影响的学生；③综合前面两者的学生；④对照组没有学习任何东西。**八周之后，那些了解到自己的大脑可以重新重塑同理心的学生，在社交场合表现出更高的移情准确性。此外，正如所报告的那样，所有大学新生都能体会到的是，拥有更多的同理心会让他们拥有比研究前更多的朋友。将自己视为一个善解人意的人，最终会改变一个人的社交生活。**

因此，你如果能想象你的大脑发生变化，产生奉献主义心态，你也可以想象自己在奉献主义同伴的包围中，享受美好时光。

仔细观察，就会有所发现

当我还是个孩子的时候，我常常在新闻上看到灾难事件，我妈妈每次都会对我说，看看有没有人在帮忙。你总能找到伸出援手的人。

——弗雷德·罗杰斯

如果你睁大眼睛寻找人们帮助他人的例子，那么你会对发生在你周围的善良行为感到惊讶，受到启发并加入其中，科学证实，观察到帮助和风险的人最终自己也会做同样的事情，而且做的事情不仅仅是观察到的具体行为，还有各种其他行为。

你一定听过这句谚语：小猴看样学样。但对于人类（不像猴子）来说，观察/做出慷慨的行为比单纯的模仿要深刻得多。它还可以转换为一个人对慷慨行为的感受。根据哈佛大学/斯坦福大学关于"亲社会一致性"的研究，**参与者看其他人向慈善机构捐款，并决定自己捐多少。可以预见的是，那些看到别人捐得多的人就捐得多，看到别人捐得少的人就捐得少**。但真正令人兴奋的发现是：当他们有机会给另一个研究参与者（这个参与者正处在人生的低谷）写一封鼓励信时，**那些观察到慷慨捐赠的人也写了鼓励信，他们的信表现出了更多的同情和支持**。亲社会一致性超越了行为的镜像（金钱捐赠）；它延伸到参与者对受助者的感受。如果我们看到并模仿服务他人的行为，我们也更有可能采取奉献主义的心态。

看到的奉献主义处方：为了激励和激发自己的奉献行为，寻找与你相关的人，并证明自己的利他主义影响。获得这两个条件最简单的办法是在你自己的社区帮助他人，在那里你可以直接与人们互动，亲眼看到自己是如何帮助他们的。

此外，你如果对自己如何实现利他主义的目标有一个清晰、详细的设想和计划，你将成为一个更有效的给予者。

为了我们自己和他人的利益，观察社区，找到证据，证明同理心和奉献确实是我们都可以遵守的社会规范。你只要去找，就能找到。正如罗杰斯先生所说，当我们发挥"奉献主义"的潜能，成为好邻居（可选择穿不同的开衫）时，那么今天就是一个好日子。

当你启迪别人时，你的思想最闪亮；当你鼓励别人时，你的心灵最闪亮；当你提升他人时，你的精神最闪亮；当你赋予他人力量时，你的生命最闪亮。

——马绍纳·德利瓦约
（Matshona Dhliwayo）

第十六章

提升

　　研究人员将"提升"定义为一种情绪状态，一种振奋的感觉，当你见证了他人的卓越道德、英雄主义或美德行为时就会产生这种感觉。如果你碰巧看到一位奉献主义者——真心实意地帮助和服务他人——你会在胸中产生一种温暖、愉悦的感觉，自己也会突然有动力去帮助他人。这样你就"得到提升"了。

　　见证道德之美的对立面是看到某人对他人的狰狞行为，你会感到胸中发冷、恶心，这就是所谓的"社会厌恶"，你认为自己的身份降低了。

　　纽约大学斯特恩商学院伦理领导力教授乔纳森·海特（Jonathan Haidt）博士是《幸福假说：在古代智慧中寻找现代真理 》（*The Happiness Hypothesis: Finding Modern Truth in Ancient Wisdom*）一书的作者，他也是社会心理学领域道德基础的杰出代表。他的专业领域之一是观察他人的行为（善良或者残暴）是如何刺激自己的行为的。虽然有大量关于利己主义对自己影响的研究（正如我们所展示的），但关于见证另一个人利他主义影响的研究却寥寥无几。海特博士和像他一样的科学家们正在努力填补这一空白。

海特断言，人们可以在垂直维度上变化，他将其称为"提升与退化"或者"纯净与污染"。**当你生活在奉献主义者周围，你就会在垂直维度上提升，想要行为表现得更高尚。当你和恶人相处时，他会一寸一寸地把你拖下垂直维度**，让你从道德高地慢慢跌入道德阴沟，你可能不会察觉到，直到某一天醒来，才突然意识到："我满身污秽。"

近墨者黑。仔细挑选那些正直的社会成员做朋友和同事，他们承认我们服务他人的道德义务，并付诸行动。研究支持这样的观点：如果你周围有奉献主义者，那你最有机会成为其中一员，并每天坚持。然后你的利他行为会与你周围的人产生共鸣，其他人会从你那里"捕捉"到它，并在你的社交网络中传播对他人的关注。服务他人的小涟漪可以汇聚成奉献的海啸。你如果仔细想想，提升可以帮助整个社区获得健康、幸福和成功。

新冠疫情对每个人来说都是一个决定性的时刻，特别是那些从事医疗保健的人，而最值得注意的是在第一线照顾病患的人。在那个危急时刻，斯蒂芬和马兹每天都被同事们的奉献精神所感染，他们一直都在垂直维度上得到提升。医护人员形容，进入医院就像跑进燃烧的大楼，他们不顾自身的实际危险，以同理心和行动来拯救受苦难的人们，他们的故事将激励很多人。当普通民众在新闻中看到一线医护人员的坚定承诺和自我牺牲精神时，民众的素养得到了提升，通过实践预防协议来尽自己的责任。我们通过戴口罩、居家隔离和保持社交距离来减缓病毒传播的集体承诺，这对我们当中脆弱的人和一线医护人员至关重要。我们社区的集体同理心帮助保护了一线医护人员，让他们能够照顾患者，这是一种良性循环，无疑会挽救很多人的生命。

 道德升华的重要时刻似乎会按下一个精神复位按钮，抹去愤世嫉俗的感觉，代之以希望、爱和道德的激励。

——海特

观察他人并以身作则为他人服务是治疗愤世嫉俗的良方，在我们谈论道德之美以及其如何治愈整个世界时，你可能正在经历这一过程。

但这并不是盲目乐观主义，也不是我们所持有的观点。提升的潜在力量是以证据为基础，以严格的研究为依据。

灵感乍现

提升，是看到他人善意的回应，是你和你认识的每一个人（以及你不认识的人）成为奉献主义者所需要的全部灵感。它的运作方式是：你如果看到有人帮助他人，你就会被激励进而效仿，有人如果看到你表现得富有同情心，他们就会接过奉献主义的接力棒，让这个良性的接力无限延续下去。奉献不仅是多层次的，也在社会网络中急速增长。海特和其他人将其称为"群体效应"。一个人的善举（以及善举所带来的幸福）会在整个群体中传播。

海特和他的同事——北卡罗来纳大学的萨拉·阿尔戈（Sara Algoe）博士将提升描述为属于"赞赏他人的情绪"类别，其中包括感激、钦佩。为研究其影响，海特和萨拉让参与者回忆自己对他人的善意行为、观看人们展示卓越道德的视频，以及通过写信来诱导参与者提升。充分准备之后，参与者随后填写了一份调查问卷，说明自己帮助他人的动机。与一般的幸福感相比，提升后的情感状态激发了参与者走出去帮助他人、表现出同情心，并成为更优秀的人。

剑桥大学的两项实验表明：提升是助人行为的速效灵感。**在第一项实验中，与处于中性情绪状态的参与者（对照组）相比，得到提升的参与者更有可能参与另一项无偿研究。在第二项研究中，与对照组相比，预提升的参与者花费两倍的时间帮助别人完成了"无聊的任务"。**研究人员认为，提升是一种独特的情绪，不同于其他任何的情绪，它具有独特的亲社会品质，能让利他主义切实增加。

加州大学洛杉矶分校的一项研究探讨了提升鼓舞人心的独特品质。研究人员让参与者观看了以下三种情况：①3 分钟时长的泰国电视广告，名为《无名英雄》（在"油管"上共计 1.09 亿次观看），广告内容包括一个年轻人帮助街头小贩将沉重的手推车抬过路边石，广告内容还包括他做这些善举的积极影响和受助者的感激之情。②一段长度相同、制作精良的视频，一个男人跑上墙，做后空翻（称为跑酷的一项城市运动），以此展示非凡的运动艺术。③本视频时长 30 秒，内容为乘客坐着通勤列车的镜头（控制组）。

接着，参加此项研究的参与者每人获得 5 美元，并被告知可以将这笔钱捐给加州大学洛杉矶分校儿童医院。他们得到了捐款的信封，但是否捐赠全凭个人意愿。捐赠结果是：观看《无名英雄》视频的参与者远比其他组的人慷慨。正如安妮·劳瑞（Annie Lowrey）在《大西洋月刊》（The Atlantic）发表的一篇文章《美国的恶性流行病》（America's Epidemic of Unkindness）中所报道的那样，一位研究助理认为该研究的会计存在问题，因为其中一些信封里塞满了现金，远远超过参与者应得的钱。研究人员意识到，得到提升的参与者在信封中放了额外的钱。这表明，家庭甚至整个社区都可以将自己置于一种慷慨和行善的良性循环中，其中的人可以得到鼓励为自己的社区做好事，甚至不指望自己的善举会给自己带来好处。

研究人员对提升激发亲社会行为的可靠性和容易程度感到惊讶。他们在另外十四项研究中得到了相同的结果，研究参与者超过了 8000 人，只是为了证实这一结论。

提升在让人奉献方面表现出色，它可以作为自我管理的强心针，激励自己坚持奉献主义的价值观。回到英国剑桥大学，研究人员测试了"自我肯定"对提升的效果。首先，参与者通过说诸如"我是奉献主义者"之类的话来肯定自己的利他主义。然后，通过回忆目睹他人的善举（对照组没有）的画面，来促进提升。自我肯定后体验到提升的参与者更有可能实施善举。因此，如果你给自己一个小小的鼓励，并将目光投向他人的道德之美，就有可能促使自己更多地去帮助他人（并获得奉献主义的好处）。

说到美，示范（演示）奉献主义行为可以提升整个社区。伊利诺伊大学对 25354 名参与者参加的 88 项研究进行了元分析，发现了"亲社会示范效应"的证据，即在人们看到他人于奉献主义跑道上昂首阔步时，他们也想追随这一脚步。

社区传播

耶鲁大学人性实验室的尼古拉斯·克里斯塔基斯（Nicholas Christakis）是医学博士、哲学博士、医生和社会学家，他与加州大学圣地亚哥分校的政治学教授詹姆斯·富勒（James Fowler）合著了《大连接：社会网络是如何形成的以及对人类现实行为的影响》（*Connected: The Surprising Power of Our Social Networks and How They Shape Our Lives*），两位科学家都是社会网络和"群体效应"（情绪传染）的前沿研究者。还记得新闻报道说，如果你有肥胖的朋友，你更有可能发胖，或者如果你的朋友戒烟，你也会戒烟吗？这两位科学家负责该主题的研究，以及关于情绪如何在群体中传播的研究。

在 2008 年的一项纵向研究中，两位科学家通过分析 1983 年至 2003 年弗雷明汉心脏研究研究中 4739 名参与者的数据，研究快乐能否在人与人之间传递。他们在这个庞大的社会网络中发现了一群幸福的人和一群不幸福的人。情感群体的形成不是因为个性，也不是因为志同道合的人相互吸引。这些分组是地理位置的结果。**如果某人身边有一个幸福的朋友（在一英里之内），他幸福的概率就会增加 25%。如果有幸福的配偶、住在同一屋檐下幸福的兄弟姐妹和幸福的邻居，幸福的概率也会增加。**增加了地理距离——如果某人幸福的朋友、兄弟姐妹和邻居搬走了——则会降低幸福的概率。

在个体之间，情感的传播可以达到三度分离。因此，如果你附近朋友的朋友的朋友真的很幸福（或不幸福），那么你就可能变得幸福（或不幸福）。克里斯塔基斯和富勒发现，在你的社会网络中尽量多和幸福的人在一起，有可能掌控未来的幸福。幸福是集体的，如果集体幸福，那么我们才会幸福。

而且，我们越与关注他人的人相处，我们就越有可能变得更加关注他人。既然我们在生活中想要的一切，包括健康、幸福和成功，都可以通过成为一个关注他人的人而更可能实现，那么我们需要寻找那些会激励我们并将这种行为传播给我们的人，然后我们再将这种行为传播给他们，构成一个良性循环。

克里斯塔基斯和福勒研究了合作的社会传播——或者更诗意地说，合作的级联效应——一种重要的奉献主义行为，以及个人为公共利益牺牲是否会激励其他人向陌生人付出。该实验让参与者与陌生人玩一个"公共物品游戏"。它的运作方式如下：参与者可以选择把钱放到一个罐子里，然后平均分配给一组人。但个人也可以不把自己的钱放进去，而且仍然得到分款后属于他的份额。这个"游戏"将显示出谁慷慨，谁自私。

克里斯塔基斯和富勒给参与者机会让他们互相帮助完成任务（如解决难题），来激发其合作行为。然后让参与者玩公共物品游戏。**与对照组相比，目睹合作的参与者更有可能在未来的多轮实验中把钱捐给陌生人。**[参与者进行多轮游戏，但从未与同一人合作两次，以消除互惠或"声誉管理（让自己看起来不错）"的可能性。]合作在参与者之间引发了亲社会的火花，影响了小组和随后几轮实验的参与者。因此，玩游戏的次数越多，参与者就会变得越慷慨，从而向之前未合作或未见过的人传播善意（不过，这并不全是美好的，参与者之间的不合作行为与合作行为一样具有传播性）。

奉献主义研究的意义在于给我们带来了对人类的巨大希望。**一个群体中只需要有一两个利他主义者，就能把社区的大多数人"变成"利他主义者。**关于此项研究的一次采访中，克里斯塔基斯表示："社会网络和善良之间有着深刻和本质的联系"。传播思想、爱和善良等美好且理想的属性，是人类社会网络持续的必要条件，相反，这些属性的传播也需要社会网络。

在工作场所也可以找到亲社会行为的有力证据。研究发现，**在工作场所中，与"奉献者"社会距离近的人幸福感会提高，善行也会增加，但与"接受者"社会距离近的人幸福感会下降。"观察者"目睹奉献者的行为和接受者的感激之情（我们希望如此），受到这一行为的鼓舞，自己的善举也相应增加。**

你不必成为社会科学家也能明白，与爱笑和助人为乐的人相处会调动整个房间的气氛，但只需要一个讨厌的自大狂就能毁了整个聚会。科学表明：如果周围的人都互相帮助，即使是自私的人（我们不应该只把光芒投向奉献主义者）也会"捕捉"到善良，并受到启发，不再做自私的人。或者这种人会在被奉献主义者包围时感到恐惧而逃走，无论如何，情绪调动了起来，问题也就得到了解决。

（不要）传下去

积极的情感和行为（幸福、合作、无私）在团队中是会传染的，但消极的情感和行为（不幸福、分裂、自私，甚至倦怠）也会。无论群体里有什么，我们都很容易被感染。

北卡罗来纳大学威尔明顿分校的一项对 81 名员工进行的研究发现，在工作场所的早上目睹一次粗鲁行为，会让人觉得当天余下的时间里所有的事情、每个人都很糟糕。**早晨粗鲁行为不仅改变了参与者的观点（研究人员将其比作戴上了"粗鲁色彩的眼镜"），还预示着工作表现不佳，并导致回避和退缩。**基本上，人们都躲进了办公室，关上了门。所以，如果有人不为你摁着电梯开门按钮，或者在你说"早上好"时讨厌地咕哝着，这不会让你变成一个自私的人，但它会让你目之所及都是自私的人。

或者说，它确实把你变成了一个自私的人。同一研究小组还测试了"变得无礼"是否像患上感冒一样容易。在一系列关于行为传染的研究中，他们发现，单一的无礼行为可以让人变得粗暴。这要归咎于大脑机制。**无礼激活了大脑的敌意网络，这种神经活动进而影响了行为。大脑想干什么就干什么，在对无礼的反应中，大脑正在寻找一场战斗。**你可能不愿意用更多相同的方式来回应无礼，但你的大脑在说："来吧，兄弟！"即使你试图压制无礼，你也会成为一个"载体"，将其传递给第三方。

备件

如果你必须列出一个人能做的最无私的事情，给陌生人捐献肾脏肯定名列前茅。如果有十个人先后这样做了，而且是为了帮助他们甚至不认识的人呢？《新英格兰医学杂志》（*The New England Journal of Medicine*）发表了一篇关于这种情况的一系列病例文章，这是我们所听说过的最激进的利他主义传染之一。

大多数情况下，当一个晚期肾衰竭患者需要肾移植时，他们会使用"配对供体"，其中一个人自愿将肾脏捐给与他们关系密切的人，比如妻子捐给丈夫，或者亲属捐赠者，比如成年子女捐给父母，姐妹捐给兄弟。但是，即使你的整个家庭都愿意，他们也可能与你的血型和组织不匹配，使两个肾脏不相容。不兼容的配对可以使用注册表来查找其他不兼容的配对，可能配对一中的接收方和配对二中的捐赠方是兼容的。这可能会导致配对二的接收方没有肾脏，除非你找到第三对、第四对或更多对，并找到足够的匹配，让多米诺骨牌排列得恰到好处，每个需要肾脏的人都能得到一个。

这被称为"连锁捐赠"。后勤工作很有挑战性，你可以想象，全国各地都有接受者和捐赠者，手术需要尽快协调。从理论上讲，你至少需要一个无私的捐赠者来推翻第一张多米诺骨牌，防止出现这样的情况：在这个复杂的"非同时的、无私的、延伸的捐赠者"链中，如果捐赠者退出或出了问题，就会有人失去肾脏。

俄亥俄州托莱多大学医学中心的医学博士迈克尔·里斯（Michael A. Rees）和他的同事们利用两个配对捐献登记处和计算机模型，组织了五次同时进行的器官交换，并在 8 个月内协调了另外 5 次器官移植，分别在 5 个州的 6 个医疗中心进行，从而形成了这个长链。在某些情况下，捐赠者将肾脏捐给了陌生人，但他们自己的母亲或丈夫必须再等 5 个月才能匹配到自己的肾脏。捐赠者们真诚地认为，他们代价高昂的高尚行为最终会帮助他们所爱的人得到一个肾脏，而不是在那之前就死于肾衰竭。

当有关这个十环节移植链的消息传出后，更多无私的捐赠者主动报名注册，他们心中没有特定的接收者。这种行为肯定了光是看到（或读到）一个人的利他主义就可以激励你自己，这种提升会将给予行为延伸到你自己的社交圈之外。

这个惊人的极端利他主义例子始于 2006 年密歇根州一名 28 岁的男子注册成为无私的捐赠者。在里斯博士及其同事的努力下，捐助者和接龙捐赠者排成了长队。两年后，这位密歇根男子的慷慨行为引发了一系列事件，挽救了十个人的生命，刺激了寻找匹配捐赠者的技术，完善了我们的器官捐赠系统，并可能最终帮助成千上万的人。一个慷慨的行为可以广为流传。你可能从来没有想过你的奉献主义行为会产生深远的影响，但科学支持这一观点：它无论如何都会发生。

提升的奉献主义处方：在为他人服务方面树立良好的道德典范，并有意地向那些这样做的人和组织靠拢。

无论是在工作上还是在个人生活中，都要谨慎选择你要交往的人。

选择为一个以人为本而不是利益至上的公司。如果你有能力这样做，请专注于雇用同样的人。

避免与"一切以自我为中心"的获得主义者交往。你越是暴露在他们的自私面前，你的利他主义就越弱。一旦你在美德的垂直维度触底，你就可以挥手告别你服务他人所获得的长寿、幸福和成功的好处了。

如果你表现出了无礼，通过做好事来摆脱它，你甚至可能治愈无礼的始作俑者。

向为他人做好事并为此感到幸福的人靠拢，只要与他们在一英里之内，你就会提高自己的幸福感。

当你自己的给予行为似乎下滑时，通过自我肯定来提升——"我是一个奉献主义者！"

Happiness

在这个世界上，凡能减轻别人负担的人都是有用之人。

——狄更斯

第十七章
了解你的力量

你不需要成为老板或处于其他权威地位，也不需要有一百万粉丝或数百万美元，就能拥有力量。这些都是"外在"力量的例子，这些力量来自外部，如权威、至高无上的地位、影响力或财富。根据我们作为医生的经验，我们可以告诉你，富有的、"有权有势"的人和其他人有同样的大脑和身体机制。如果那百分之一的人利用他们的财富只追求享乐或击败竞争者，他们"由外而内"的力量很难保护他们免受慢性应激和系统性炎症的摧残。有志于获得这些力量的人可能会对如何成为成功者持一种"粉碎、摧毁"的态度。但科学表明，自私和对地位的渴望反而预示着在公司的晋升速度较慢，收入较少，被同事嫌弃，有慢性应激，而且身体不好。我们并不是说所有外强中干的人都注定会英年早逝，生活悲惨。但是这种文化上对权力的强化并没有与更强的幸福感或更健康的身体联系起来，而且它对整个社会没有一点好处。

"由内而外"的力量是一种从身体内部产生的力量，但我们的大多数人都无法获得这种由内而外的力量，尽管我们可以尝试去引导力量。

真正的力量——我们称之为"外部"力量，其与你的净资产、头衔、指挥他人的能力或施法的能力无关。

通过做一个奉献主义者，用你的时间、才能和财富来服务他人，你就有无限的力量对人们的生活产生真正的影响，包括你自己的生活。

你的寿命可能会真的变长，因为随着时间的推移，利他行为可以减少慢性应激和炎症，改善人体的基本机能，并延缓心血管疾病和阿尔茨海默病的发生，这只是其中的几个好处。

激活大脑的"神奇四侠"激素，是我们感到骄傲、兴奋和亲密以及获得助人快感的真正来源。

通过奉献主义的外部力量，你会结交更多的朋友，加强与家人的联系，拥有更幸福的婚姻，并保持亲密的关系，这些都是让你保持长期幸福和健康的重要因素。

作为一个"服务型领导者"，你有能力激励人们把工作做到最好，赢得他们的忠诚，让人们更好地工作，同时提高组织的绩效。

要获得这些不可思议的外部力量，你所要做的就是给予，直到它对你自己和你的利他行为的接受者有所帮助。

我们应该尊敬和崇拜的人不是那种在游艇上停靠直升机的物质主义者，也不是那些所谓的有影响力的人，他们积累粉丝，但只利用他们的平台来提高自己的名声和增加财富。真正的英雄是那些奉献主义者，他们抓住机会通过志愿服务、慈善捐赠或只是随机的小善举来给予和帮助他人，利用他们的时间、才华和财富来照耀他人。

富人可以利用他们的外部力量为社会造福，当有人用财富服务他人时，我们都应该心存感激。但你不需要用由外而内的力量来操控外部力量，外部力量是我们每个人都可以获得的。每当我们与街上的人进行眼神交流、微笑、主动洗碗、给熟人买咖啡、为有价值的事业捐款或者在朋友拔掉臼齿后开车送他回家时，我们都会用到它。

当某个人去帮助别人，只是源于初衷，并认为那是自己应该去做的事情时，那么毫无疑问，这个人就是真正的超级英雄。

———斯坦·李（Stan Lee）

每当我们使用外部力量时，我们可以在身体上（通过减少应激、炎症和增强免疫系统）、精神上（通过减少焦虑和抑郁症状）、情感上（通过变得更幸福和健康）和职业上（通过在同事中积累良好信誉，在工作中找到乐趣，提升业绩）变得更强壮一点。

马丁·路德·金曾说："如果你想变得重要，很好；如果你想获得认可，很好；如果你想变得伟大，很好。但要承认，你们中最伟大的人，应该是那些服务你的人。这是伟大的全新定义。今天早上，我推崇伟大的一点是：依据伟大的这个定义，我们每个人都可以变得伟大，因为每个人都有能力服务他人。你不必非得有大学文凭、不必非得主谓一致、不必知道柏拉图和亚里士多德、不必知道爱因斯坦的相对论、不必知道热力学第二定律，你只需要一颗充满感恩的心，一个由爱而生的灵魂，你就可以为他人服务。"

发掘奉献主义外部力量还需要做哪些事情？请看以下内容：

希望

什么是希望？我们最喜欢的定义是："希望是一种积极的信念，绝望永远不能占上风。"利他主义需要希望（而不是绝望）。希望是利他主义不可或缺的一部分。希望的力量可以从患者的结果中得到证明。杜克大学的研究人员对冠心病患者进行了一项研究。研究人员招募了 2818 名因冠状动脉病变（例如心脏病发作）入院并接受心导管插入术的患者，心导管插入术是一种由心脏病专家将电线插入患者心脏动脉以评估堵塞情况的手术。

在出院之前，研究人员使用一个经过充分验证的量表评估了患者对康复的期望（即他们对好结果的希望）。分析控制了年龄、性别、疾病严重程度、伴发病、治疗、人口统计学、抑郁症状、社会支持和功能状态等因素。他们在长达 17 年的随访评估中发现，**对康复的期望与生存密切相关。10 年后，最低康复期望（对好结果的希望最小）患者的死亡率几乎是最高康复期望（对好结果的希望最大）患者的死亡率的两倍。**

患者认为自己能做什么是他们实际能做什么的主要因素。因此，基于这些科学数据，我们可以得出这样的结论：希望很重要；相信自己能康复的信念很重要。

那么，这一切与奉献主义者有什么关系呢？与奉献主义者息息相关。当患者在希望中挣扎，并且对自己的健康状况远比疾病的医学事实所支持的悲观时，以同情的态度对待他们可以帮助他们看到自己的康复希望。科学表明，希望很重要。科学也表明，同情心可以成为康复希望的强大助力。

希望的力量可以在任何领域得到更好的结果，不仅仅是医学科学。这又回到了心态上：如果你希望事情会变得更好，那么它们就有可能会变得更好；如果你希望你的小额捐赠会产生影响，你就更有可能继续捐赠；如果你希望你的志愿服务带来改变，你就会继续参加。

智慧

随着年龄的增长，长寿所带来的智慧让人们明白成就感来自帮助他人。科学研究表明，当人们进入退休阶段，捐赠和志愿活动会增加，因为他们意识到这是他们利用余生的最佳方式。抑或为自己活了一辈子后，突然反应过来的。他们在 70 岁时醒悟，意识到没有人关心他们，因为他们不够关心别人，或者他们即将离开的这方土地比他们来时更糟。如果他们在老年时开始（或继续）为他人服务，他们会发现，献出宝贵的时间，他们会觉得自己拥有更多的时间。这确实是一种外部力量：延长时间的能力。

最重要的是，你不必等到退休年龄才能使用这种能力。正如大卫·布鲁克斯所说，你可以绕过代表地位和成功的"第一座山"，直接去攀登代表意义的"第二座山"。然后，当你八十岁时回顾自己的一生，你会觉得这一生过得很充实，充满了值得颂扬的美德，而真正重要的也只有这些美德。

相互依赖

当我们互相帮助时，我们会变得更强大。联合起来可以增加我们的集体力量，因为我们都生活在同一个星球上，无论我们愿意与否，我们都真正地生活在一起。

奉献主义者更有可能将相互依赖视为力量的源泉。如果我们要让世界变得更美好，我们就需要把相互依赖作为一种强大的外部力量来树立榜样。如果有足够多的人向别人展示帮助和给予如何让给予者和接受者感觉更好，我们就可以通过相互支持更容易地克服困难。如果我们相互依存，我们就会团结在一个共同的事业上。有那么多原因，你可以选择一个。我们将能够把意见的分歧视为学习和发展的途径。

从赤手空拳的独立到分享和照顾彼此的相互依赖可以通过激情来实现。如果是在寻找职业道路的背景下，加洛韦讨厌激情。但要想真正丰富你的生活，他的建议是对别人的幸福"无理性的热情"，为别人"全力以赴"。不要只是潜入这个公共游泳池。纵身跃入。运作模式是"超额"投入其他人，而不关心你会得到什么回报。但你也要知道，当你给予时，你确实会得到大量的回报。

成长

正如我们所提到的，当人们承受过痛苦时，他们的同理心就会增强。他们知道坏事确实发生了，而且通过接受和给予同情和支持可以减轻痛苦。当人们通过帮助他人将他们的痛苦转化为目标，这一过程被称为"创伤后成长"。

到中年的时候，我们大多数人都面临着某种严重的困难时期：失去亲人、诊断出严重的疾病。我们中的一些人经历过暴力，或者以非暴力但创伤性的方式成为受害者。许多经历过可怕情况的人不会患上创伤后应激障碍。相反，他们的创伤成为他们故事的一部分，他们在经历了创伤后变得更坚强、更聪明、更有目标以及更强大。

北卡罗来纳大学夏洛特分校的心理学教授理查德·泰德斯琪（Richard Tedeschi）博士和劳伦斯·卡尔霍恩（Lawrence Calhoun）博士最初创造了"创伤后成长"这个术语，他们将其定义为糟糕经历带来的积极变化，并指出了成长是如何产生的。"创伤后成长"总是与对生活和人际关系更强烈的感激、看到生活中新的可能性和目标、对个人优势的更深刻理解以及更多的同情心和利他主义有关。

为什么大部分受害者会变得更加怀有利他主义？他们应该更痛苦才对。但科学支持这样的观点，即它可以切入另一个方向——打开学习和服务的大门。直到我们这样做之前，我们都不知道我们的耐受力有多强。幸存下来后，我们意识到自己比想象中要强大。有了这种新的自我意识，认识到自己的力量，用它来帮助那些经历过类似事情（或不同但也有创伤）的人。我们对他们正在经历的事情有所了解，因为我们自己也曾经历过；我们知道他们可以活下来，因为我们做到了。通过将自己作为正面的例子，我们可以给他们带来希望。通过付出，我们自己也变得更加强大。创伤本身可以变成一个蹦蹦床，让我们看到并使用我们的外部力量。

在逆境中成长并不会让我们对发生的坏事感到麻木。我们知道它们会发生，但我们也知道我们会面对它们，并乐于接受他人的帮助——为他人提供帮助我们的机会——就像我们自己乐于抓住这些机会一样。

这是一个充满同理心、支持和肯定的世界。寻求帮助。给别人帮助你的机会对双方来说都是一份礼物。

——加洛韦

意义

根据科学，意义是比幸福更有价值的追求。在创伤中成长的人在服务中找到意义。在经历了创伤并在服务中找到超越的意义（一种深刻的成就感），并建立了一个新的身份——奉献主义者之后，个人的幸福本身似乎就成了一个低劣的目标。的确，研究支持这样的观点：满足个人的需求和愿望可以在短期内增加幸福感，但这与有意义无关。

请注意：追求意义并不总是完美的。致力于服务他人可能伴随着挑战。同一项研究将意义与短期内较高水平的焦虑和压力联系起来。但是，鉴于目的和意义的巨大好处，鉴于持久的超越优于转瞬即逝的幸福感，通过活在当下和思考未来，追求意义完全是值得的。

20 世纪末最广为人知的研究之一是由美国西北大学的心理学家菲利普·布里克曼（Philip Brickman）博士牵头的。你可能已经听说过这项研究了。布里克曼和团队研究"适应水平理论"和持久的幸福。一个改变生活的事件会让我们在之后永远幸福（如果该事件是积极的）还是痛苦（如果该事件是消极的）？他们比较了三组人的幸福水平：①伊利诺伊州彩票的大赢家；②在事故中四肢瘫痪者和截瘫者；③对照组。他们询问了他们在日常的生活活动中（与朋友出去玩、吃早餐、看电视、开玩笑）的幸福程度。对彩票中奖者来说，在日常活动中的平均幸福得分是 3.33 分（满分 5 分）。对事故受害者来说，得分是 3.48。虽然彩票中奖者说他们在总体上比事故受害者更幸福，但研究发现瘫痪组在所有给定时刻的幸福程度基本相同。

这项研究的样本量很小：只有 22 名彩票中奖者和 29 名瘫痪的事故受害者，所以是有争议的。但研究结果证实了我们都经历过的一些类似于彩票中奖的事情："享乐跑步机"的意思是一旦我们达到幸福的顶峰，我们就会习惯它，然后不得不无休止地前进，才能再次到达幸福的顶峰（不会持续太久）。但如果我们能从小事中获得幸福，并抓住机会在平凡的生活中寻找意义，我们就能摆脱享乐主义的窠臼。当我们停止追逐"成功"或"幸福"，对我们的所有心怀感激，并在为他人服务的过程中找到快乐时，我们的内心就会散发出一种光芒。

权力的游戏

我们已经讨论过奉献主义行为在激励他人方面的力量。但我们自己能从谁那里找到灵感呢？

科学将我们指向迪斯尼＋，即所有漫威宇宙电影的平台。在霍普学院的一项研究中，246 名参与者在有超级英雄形象或中性形象的场景中。与对照组相比，超级英雄组受到英勇表现的激励，随后在自己的生活中做了更多有益的干预措施。这反过来又使超级英雄组的生活更有意义。在另一个实验中，给 123 名参与者展示了一张超级英雄的海报（给对照组展示了一张自行车海报），与对照组相比，他们在一项乏味的任务中更愿意帮助另一位实验者。研究人员认为，"超级英雄刺激的微妙激活作用"增加了亲社会的意图和行为。不管你对漫威电影的质量参差不齐有什么看法，但科学已经表明，它们可以激发奉献主义行为。

孩子们（和内心深处的孩子们）是超级英雄电影的主

要观众，他们通过观察自己在日常生活中的英雄（父母和老师）来学习如何生活。在对 140 名 7 ~ 11 岁的英国儿童的研究中，研究人员将孩子们分成几个年龄组，给他们读一些引发道德问题的故事，指点他们。接下来，研究人员告诉他们可以通过玩电子保龄球游戏来赢得代币。他们赢得的代币越多，奖品就越大（如漫画书和玩具）。或者，孩子们完全可以选择把他们的代币放在一个碗里，放在拯救儿童基金的一个贫困儿童的海报下面。一个成年人加入了这个小组，给孩子们介绍说是他们学校未来的老师，但实际上这个人只是一个参与实验的人。研究人员建议这位未来的老师先玩，然后离开了房间。

这位假老师继续：①"示范"和"说教"慷慨，以捐赠代币来说"与有需要的孩子分享是件好事"之类的话；②"示范"慷慨以及"说教"自私，并说"你不应该与他这样的孩子分享"之类的话；③"示范"自私，"说教"慷慨；④仅仅说"真有意思！"然后，老师离开了教室，孩子们自己玩游戏，自己做决定。他们被召回进行了为期两个月的随访，重新进行了这个实验，一个版本是第一个实验的重现，另一个版本没有使用老师来示范或说教任何东西。

事实证明，"身体力行"的示范在一开始和两个月后对激发孩子们的短期和长期的慷慨精神非常有效。而"夸夸其谈"的说教则没有那么有效，特别是当它与示范行为不一致时。对孩子们来说，重要的是他们看到成年人做了什么，而不是成年人说了什么。家长们请注意：孩子们正在寻求我们的指导，作为家长，我们有能力培养出关心他人的新一代。与其教导（或说教）我们的孩子要成功，我们可以身体力行做一个善良的人，为他们指明方向，帮助他们成为一个善良的人。

以这种非常实际的方式……

服务他人是你的遗产

传奇诗人、回忆录作家玛雅·安杰洛（Maya Angelou）曾经说过："人们会忘记你说过的话，会忘记你的所作所为。但人们永远不会忘记你带给他们的感受。"你可能对这句话很熟悉，但你知道科学也证实了这一点吗？瑞典的一项研究表明，受害者在一起惨烈车祸中幸存下来五年后，他们已经不记得自己当时在医院里是如何被治疗的，只记得他们是如何被急诊科团队对待的——是同情还是不同情。

当患者和家属得到护理人员的同情时，就像马兹和他的妻子乔安妮在失去儿子后所做的那样，这种同情会延续到多年以后，有时甚至是一辈子。克利夫兰诊所的神经学家和首席体验官阿德里安娜·博伊西（Adrienne Boissy）博士解释了为什么人类可以随着时间的推移不断重温关怀和同情的经历。其中一个原因可能是杏仁核（大脑中负责体验强烈情绪的部分）紧挨着海马体，而海马体是我们建立记忆的地方。这种相邻关系可能是进化的结果。当穴居人因看到狮子而产生战斗或逃跑的反应时，他们会记住狮子是危险的，并在下次看到狮子时拼命地奔跑。但是，杏仁核紧挨着海马体，也切断了另一个方向。当我们身处人生低谷，需要人们的同情时，就会形成非常强烈的记忆，无论如何都会伴随我们的余生。这就是为什么即使是很小的善意举动，如果在适当的时候做出，也会对接受者产生惊人的、持久的力量。走投无路的人永远不会忘记那是什么感觉，也永远不会忘记此时关心他们的人。

我是斯蒂芬。

最后一个故事对我影响深远。在重症监护室工作了 20 年，目之所及都是处在人生中最灰暗时刻的患者和家属，我意识到自己的每项症状都符合职业倦怠。每项症状都符合。我向你保证，重症监护室不是什么好地方。因此，在综合了所有关于同情心对给予者也有好处的证据后，我非常努力地与人们建立更多联系。不仅是患者，还有他们的家属。多联系，而不是少联系、靠拢而不是退缩，帮助我消除了职业倦怠。我努力抓住一切能抓住的机会同情他人。

就在最近，我不得不告诉一位中年妇女一个可怕的消息，她的哥哥正在重症监护室里与死亡搏斗。我们尽了最大努力去救他，但他的情况非常危急，几乎到了命悬一线的地步。这个消息对她来说是毁灭性的，因为他是她人生的支柱。

那次艰难的谈话快要结束时，她突然问："你不记得我了，是吗？"

我吃了一惊。在重症监护室里很少听到有人问这样的问题。

我说："对不起，我没印象了。"

她说："我也觉得你不记得我了。这里的患者这么多。没关系。但七年前，我妈妈就在对面的房间里。她奄奄一息，而你是她的医生。你也不得不告诉我没别的办法救她了。你和我之前有过这样的谈话。"

我愣住了。但很快她就把原委告诉了我。她说："我永远不会忘记那些善良的护士。他们对我来说就像天使一样。他们对我的关心让我不再感到孤独，这种感觉我一直都记得。每当我想到失去妈妈，我就会反复想起这种关心，直到现在我还会想起那些护士，他们的关心确实帮到了我，并一直持续到现在。"

这个故事让我明白，我们产生的影响就像回音室的声音一样，多年来一次又一次地回荡。现在，我做事的方式变了。每当我走进病房，与患者或家属进行艰难的谈话时，我都会停下来，因为我知道，我的话可能永远不会消失，即使多年后，当人们回忆起往事，重温他们的经历时，我也能给他们带来慰藉。

你不必成为重症监护室或急诊室的医生，也可以使用令人难以置信的外部力量。一旦你充分认识到你有能力在人们需要的时候用善意影响他们的生活，你会自然而然地使用它。而当你充分认识到它是如何随着时间的推移而回响的时候，你会以不同的方式使用它，你会感到谦卑和敬畏。它将改变你体验生活的方式。也许在你挖掘自己的外部力量之前，你并不了解一点点善意和同情心会对人们的生活产生多大影响。但当你完全理解后，你在这个世界上的位置以及你的目的，就变得清晰可辨了。通过承担起责任并认识到"奉献主义"的力量，你会得到更大的好处。

你在本书中读到的服务他人影响你的健康、幸福和成功的力量，其实是一种引申。当你意识到，科学表明五年后，你所帮助的人将会记住你为他们所做的好事，并为此感到振奋，你就会更有目的性地去服务他人。信心会放大意图和效果。每当你想到这一点，无论你的力量有多大，你都会受益。

为他人服务比你想象中更有力量。它的巨大意义不断回弹到你和他人身上。不像在色拉布❶上发个照片，几秒就消失了。科学支持这样一种观点：善良的行为会产生永久的影响。你已经做了一些别人可能永远不会忘记的事情。

了解自己力量的奉献主义处方：为他人服务会不断重复，不断延续，因此比我们意识到的更有影响力。你很强大。同理心、同情心、感恩、关怀和善良是人类最大的优点。但前提是我们要使用它们。不要拖延。

---

❶ 色拉布是一个照片分享平台。

致　谢

同时，我们要向所有促成这本书的人表达我们深深的感激之情。

我们感谢库珀大学医疗保健中心的同事。我很荣幸能与这样一群令人钦佩的人一起工作。他们服务他人的行动不断激励着我们，他们在新冠疫情期间拼尽全力服务他人。他们一直是我们的英雄。每一天，他们都在提醒着我们，关爱会带来改变。我们要特别感谢库珀医院的医生领导和护士领导，感谢他们对患者和彼此的成功所做的奉献。我们也感谢我们的董事会，特别是我们的主席乔治·诺克斯三世（George E. Norcross, Ⅲ）。他为卡姆登人民服务所做的努力和对库珀医院的付出是奉献精神的典范。

我们的医学院——罗文大学库珀医学院，因为它的服务精神，尤其是服务卡姆登人民的承诺，而与众不同。我们非常幸运地拥有一位以身作则的院长：安妮特·雷博利（Annette Reboli）医学博士。雷博利院长不仅从一开始就支持本书的观念，而且因为有作为医生和领导者的经历，对这些观念有深刻的理解。在未来，我们相信罗文大学库珀医学院的学生、实习生和教师将站在服务科学的最前沿，而这在很大程度上是因为她的远见。我们真心感谢她为我们所做的一切。

我们非常感谢瓦莱丽·弗兰克尔（Valerie Frankel）的才华和付出，她全程参与了本书的编写。弗兰克尔绝对是个聪明人，她的才能和智慧无双。没有她，我们不可能完成这本书。很少有人能有机会与瓦莱丽合作，我们认为自己非常幸运能成为这些人中的一员。

我们要感谢 InkWell 管理公司的迈克尔·卡莱尔（Michael Carlisle）。他不仅相信我们能够完成这本书，而且在整个过程中都支持我们。InkWell 公司的卡莱尔和 Mungiello 公司的迈克尔一起耐心帮我们解答了无数问题，帮助我们了解这个有时对我们来说仍然很陌生的行业。我们只知道和他们在一起感觉很好。

当然，如果没有圣马丁出版社的伊丽莎白·贝尔（Elizabeth Beier），这一切都不可能实现。她相信我们的信息，并实现了信仰的飞跃，让所有这一切得以继续。我们要感谢圣马丁出版社的每一个人为这本书所做的工作。我们特别要感谢莉安娜·克里索夫（Liana Krissoff）在编辑和润色手稿方面的出色工作，还有汉娜·菲利普斯（Hannah Phillips）和布丽吉特·戴尔（Brigitte Dale），他们带领我们完成了书的市场推广过程。

我们非常感谢查特韦尔音响团队。埃利斯·特雷弗（Ellis Trevor）和弗朗西斯·霍奇（Francis Hoch）帮助我们把我们的工作视为一个需要分享的"大想法"，因此他们把我们介绍给了能够让这本书成为现实的人。我们也感谢查特韦尔的卡瑟琳·麦奎因（Catherine McQueen）、麦肯齐·库克（Mackenzie Coke）和桑德拉·方特（Sandra Fant）帮助我们传递信息。

非常感谢休伦咨询公司（Huron Consulting）的克雷格·迪奥（Craig Deao），他不仅在一开始就鼓励我们，帮助我们相信我们可以写书，而且也是最早就本书给我们提建议的人之一。他孜孜不倦地支持本书的所有幸福处方。

我们非常感谢罗伯茨，他不仅是医学博士，还是理科硕士。他在库珀指导我们的科学研究项目。他对我们来说是无价宝藏，当我们需要他的分析能力时，他慷慨地帮助我们解释统计数据。罗伯茨是一位杰出的科学家，在未来的日子里，他将在这个领域留下不可磨灭的印记，这点我们毫不怀疑。在我们的职业生涯结束时，我们预测我们的"主要成就"将是我们曾经与著名的罗伯茨博士一起工作过。

如果我们需要一阵灵感来成为一个更好的奉献主义者，我们只需要看看库珀医院的首席医生执行官：医学博士埃里克·库珀史密斯（Eric Kupersmith）所树立的榜样。他生而奉献。这是他成为有效的领导者的一个重要原因。埃里克在服务他人方面，已然登峰造极。因此，我们俩都对他特别仰慕。

我们也感谢库柏的汤姆·鲁比诺（Tom Rubino）对我们工作的不懈支持，并帮助我们宣传。

除了我们在这里列举的每一个人，还有更多的人以各种方式提供帮助。我们感谢所有人。

最后，我们要感谢数百位研究人员，他们的集体研究组成了这本书。这些学者和科学家的著作让我们看到了服务他人的真正力量，并促使我们讲述这个故事。

来自斯蒂芬·特恰克的个人致谢

首先，我永远感谢我了不起的妻子塔玛拉，她是奉献主义者的终极化身。塔玛拉是我认识的最具奉献精神的人，她比任何人都更多地教会我要懂得如何为他人服务。她曾经也将永远是我创作这部作品的灵感来源。每一天，她都为我们全家树立了一个光辉的榜样。

我感谢我的父母——韦·特恰克和沃尔特·特恰克，是他们让我开始了人生旅程，是他们无条件地鼓励我，支持我前进的每一步。几十年前，他们灌输给我的价值观如今在这项工作和这本书中达到了顶峰。

我还要感谢莉迪亚（Lydia）和大卫·林辛斯基（David Lyzinski），他们让我们整个家庭明白了终生互相关爱和服务意味着什么。朱莉（Julie）和鲍勃·纳特尔顿（Bob Nettleton）在我写这本书的过程中一直支持着我，是很好的意见参谋。对此我很感激。

我特别感谢库珀医院内科住院医师项目的每一个人，他们是我们医学系的明珠。他们都很厉害，都非常非常不一般。他们为患者服务的方式，以及彼此服务的方式，每天都激励着我。他们是疫情期间的英雄。我真为他们骄傲。

我还想感谢我在库珀医院重症监护的同事，感谢他们的所有支持，特别是：尼丁·普理（Nitin Puri）、菲尔·德林（Phil Dellinger）、克丽斯塔·肖尔（Christa Schorr）、杰森·巴托克（Jason Bartock）、艾米莉·达姆斯（Emily Damuth）、拉斯·彼得森（Lars Peterson）、林赛·葛拉斯佩（Lindsey Glaspey）、塞巴斯提安·瑞秋（Sebastien Rachoin）、托尼·斯柏万兹（Toni Spevetz）、托尼·皮佩（Toni Piper）、塞尔吉奥·扎诺蒂（Sergio Zanotti）、南希·罗佩尔非多（Nancy Loperfido）以及其他许多人。就像尼丁常说的：这是一群特殊的人。

我感谢所有护士，他们全心全意地照顾危重患者。他们对患者源源不断的同情心，直到今天仍让我感到惊讶。我接受的医学训练和教科书教会了我如何治疗患者，但这些护士帮助我理解了照顾患者的真正意义。

对于我有幸在库珀医院重症监护室照顾过的患者和家属，我欠他们一份特别的感激之情，一份我无法偿还的感激之情。他们教给我东西是这本书起源的一部分，也是贯穿全书的一条共同主线。

我很幸运能成为库珀成人健康研究所一个了不起的团队中的一员，特别是：帕姆·拉度（Pam Ladu）、梅根·阿维拉（Megan Avila）、休·克雷（Sue Kreh）、吉姆·哈多客（Jim Haddock）、苏尼尔·马瓦哈（Sunil Marwaha）、布莉安娜·托马斯（Briana Thomas）以及其他许多人。感谢他们帮助我们的医疗服务人员服务他们的患者。我期待着与他们合作，将这本书中的处方融入我们所做的一切。

我尤其要感谢我出色的助手丽贝卡·史密斯（Rebecca Smith）。我很想说，丽贝卡和我合作得很好，但那也太抬举我了。她为我们的成功做出了很大贡献。此外，丽贝卡是一个真正的奉献主义者，她对与我们合作的每个人都表现出了极大的热情。这为我和整个库珀成人健康研究所团队树立了一个很好的榜样。我还要感谢丹·海曼（Dan Hyman）、托尼·罗斯坦（Tony Rostain）和菲尔·科伦（Phil Koren）一直以来对我们的支持，感谢他们提出的明智建议和他们的友谊。

我永远感激我在圣母大学的老师和校友，一直支持我，鼓励我要有远大的梦想，特别是：安德烈·莱维李（Andre Leveille）、麦特·简金斯（Matt Jenkins）、J. P. 麦克尼尔（J. P. McNeill）、丹·克鲁斯（Dan Kruse）、比尔·斯波莱希（Bill Spellacy）、杰夫·罗伯特森（Geoff Robertson）以及其他许多人。特别感谢多米尼克·瓦尚（Dominic Vachon）博士，他在圣母大学建立了一个十分特别的同情科学项目，并继续与我远距离合作。

在我的大家庭中，有几十个人在这个项目中鼓励和支持我，但我特别要感谢我的深水团队。劳伦左·英格尔斯（Lorenzo Eagles）、布莱恩·卡塔尼拉（Brian Catanella）、汤姆·格兰特（Tom Grant）、曼尼·德尔加多（Manny Delgado）、戴夫·福外尔（Dave Fauvell）、韦斯·艾伦（Wes Allen）、卡尔·科罗特（Carl Krott）以及格雷格·哈尔（Greg Harr）。我钦佩他们所有人，并且非常珍视他们的友谊。我还要感谢我的好朋友拉里·邓恩（Larry Dunne），他在疫情期间给了我很多支持，并一直在关注我。

最后，我要感谢我可爱的孩子们：克里斯蒂安（Christian）、伊莎贝尔（Isabel）、贝瑟尼（Bethany）和乔纳森（Jonathan）。他们都很棒，每天都在激励着我。这本书将被广泛推广给那些想要通过服务他人而过上最好生活的人，但这本书的秘密在于，它实际上是为他们写的。

来自安东尼·马扎雷利的个人致谢

我最想感谢我的妻子乔安妮。有这样一位支持自己的伴侣和朋友，我非常幸运。作为一名执业的心脏病专家和医学教育家，她不仅在临床上表现出色，而且受到患者的爱戴，也得到了学生的认可。在生活中，她总是把他人放在第一位，经常帮助我。不管我做什么努力，她总是给予极大的支持。有许多个夜晚，我知道乔安妮困得只想睡觉，但因为我需要向她征求意见，所以她总是很晚才睡。她怎么对我这么有耐心。

我还要感谢我的父母乔（Joe）和弗吉妮娅（Virginia），他们一直支持我所做的一切。作为父母，他们无可挑剔，作为祖父母，他们更是令人钦佩。我的孩子们在慢慢长大，我一直在想我怎么才能像我的父母那样支持孩子们、爱孩子们，哪怕只是做到他们的一小部分。

致我的孩子们——索菲娅、里奥和永远在我们心中的约瑟夫——他们都激励着我不仅要写这本书，还要让人们读它。再说一次，请不要告诉我们的出版商，但我真的不在乎我们能卖出多少本书。然而，我确实非常关心增加世界上关注其他方面的人的数量。我们希望他们能为这样一个世界做出贡献，并从中受益。

再次衷心感谢迈克尔·斯梅尔克尼斯（Michael Smerconish），他多年来的栽培、指导和影响可能是我写出一本书的原因，更不用说两本书了。"你需要写一本书。"这是他多年来的建议。在我们首次谈论第一本书时，他已经在问第二本书会写什么了。他总是激励我做得更多、想得更多、走得比我想象中更远，我非常感谢他长期以来的支持。熟悉他的人会注意到他的影响几乎贯穿了全书。

我要感谢斯科尔瓦纳基（Scornavacchi）。她对《同情经济学》的鼓励、支持和贡献，也一直延续到这本书。她是奉献主义心态的完美典范，每一集都在提醒那些听她播客的人。

我非常感谢里奇·西奥里（Rich Zeoli）。里奇不仅阅读了这本书的草稿，提供了指导，而且他不断提出的建议更是无价的。里奇已经成为一名广播明星，但他仍然记得自己来自新泽西，无论什么项目，他都愿意花时间帮忙。

我还要感谢萨沙·蒙塔斯（Sacha Montas），他是医学博士、法学博士和英国国勋位获得者。很多年前，我还在上大学时，萨拉把我带入生物伦理学的世界，我开始对医学学术产生兴趣。他仍然是朋友们最好的参谋。

如果我不对詹妮弗·克诺尔（Jennifer Knorr）表示特别的感谢，那就太失礼了。在行政助理的世界，几乎没有人能与她相提并论。如果她在与他人打交道时选择不表现出善意，那么她的工作就会轻松很多。无论她的心情好坏，她都坚持表现出善意，这一点我很感激，就像没有她我就会完全迷失一样。

感谢库珀医院的资深领导团队。我知道他们为我们的患者和员工服务时有多努力，也知道他们渴望在我们的组织中建立一种同情和支持的文化。在写这本书的过程中，我多次想到了他们中的每一个人。

　　我特别要感谢我的联合主席奥多德，我很高兴每天都能与他密切合作。我们一起面对了我希望将是我们一生中在卫生保健领域面临的最大挑战。但是，坦白地说，世界给我们的行业带来的挑战并不重要：我有信心，凭借他的技能、思虑、智慧和一贯的冷静，我们将能够面对这种挑战。他的整个职业生涯都以服务为职业，我每天都能从他那里学到这方面的东西。

　　最后，我想感谢所有我有幸在急诊科照顾过的过去、现在和将来的患者。我希望我能在我的人生中继续成长，提供更富有同情心的护理，这样我就能更好地为他人服务。

序言

1. See https://www.ted.com/talks/stephen_trzeciak_healthcare_s_compassion_crisis_jan_2018.
2. Trzeciak S, Mazzarelli A. *Compassionomics: The Revolutionary Scientific Evidence That Caring Makes a Difference.* Studer | Huron, 2019.
3. Lindauer M, Mayorga M, Greene J, Slovic P, Västfjäll D, Singer P. (May 2020). Comparing the effect of rational and emotional appeals on donation behavior. Judgm Decis Mak. 15(3): 413–20.
4. O'Connor D, Wolfe DM. (1991). From crisis to growth at midlife: Changes in personal paradigm. J Organiz Behav. 12: 323–40.

第一章　自我文化

1. Clarke TC, Black LI, Stussman BJ, Barnes PM, Nahin RL. (2015). Trends in the use of complementary health approaches among adults: United States, 2002–2012. Natl Health Stat Report. (79): 1–16.
2. Twenge JM, Martin GN, Campbell WK. Decreases in psychological well-being among American adolescents after 2012 and links to screen time during the rise of smartphone technology. Emotion. 2018 Sep;18(6):765–80.
3. See https://www.ted.com/talks/robert_waldinger_what_makes_a_good_life_lessons_from_the_longest_study_on_happiness.
4. Stossel S. "What Makes Us Happy Revisited." *The Atlantic,* May 2013.
5. Chopik W, Joshi D, Konrath S. (2014). Historical changes in American self-interest: State of the Union addresses 1790 to 2012. Pers Individ Differ. 66: 128–33.
6. Making Caring Common, Harvard Graduate School of Education. (2021). The President and Fellows of Harvard College.
7. Konrath SH, Chopik WJ, Hsing CK, O'Brien E. Changes in adult attachment

styles in American college students over time: A meta-analysis. Pers Soc Psychol Rev. 2014 Nov;18(4):326–48.

8. Konrath SH, O'Brien EH, Hsing C. Changes in dispositional empathy in American college students over time: A meta-analysis. Pers Soc Psychol Rev. 15, no. 2 (May 2011): 180–98.

9. Pew Research Center. "A Divided and Pessimistic Electorate," November 2016.

10. Hampton KN. Why is helping behavior declining in the United States but not in Canada?: Ethnic diversity, new technologies, and other explanations. City & Community. 2016;15(4):380–99.

11. Twenge JM, Campbell WK, Freeman EC. Generational differences in young adults' life goals, concern for others, and civic orientation, 1966–2009. J Pers Soc Psychol. 2012 May;102(5):1045–62.

12. Galloway S. *The Algebra of Happiness: Notes on the Pursuit of Success, Love, and Meaning.* Penguin, 2019.

13. Konrath S. "The Joy of Giving." In Burlingame D, Seiler T, Tempel G (eds.), *Achieving Excellence in Fundraising* (4th ed., pp. 11–25). Wiley, 2016.

14. See https://www.ted.com/talks/david_brooks_should_you_live_for_your_res ume_or_your_eulogy?language=en#t-27178.1.

15. Achor S. *The Happiness Advantage: The Seven Principles of Positive Psychology That Fuel Success and Performance at Work.* Broadway Books, 2010.

16. See https://www.ted.com/talks/david_brooks_the_lies_our_culture_tells_us_ about_what_matters_and_a_better_way_to_live/transcript?language=en.

17. Brooks D. *The Second Mountain: The Quest for a Moral Life.* Penguin, 2019.

第二章　善者生存?

1. Wilson EO. *The Meaning of Human Existence.* Liveright, 2014.

2. Aknin LB, Hamlin JK, Dunn EW. Giving leads to happiness in young children. PLOS ONE. 2012;7(6):e39211.

3. Aknin LB, Barrington-Leigh CP, Dunn EW, Helliwell JF, Burns J, Biswas-Diener R, Kemeza I, Nyende P, Ashton-James CE, Norton MI. Prosocial spending and well-being: Cross-cultural evidence for a psychological universal. J Pers Soc Psychol. 2013 Apr;104(4):635–52.

4. Konrath S. "The Joy of Giving." In Burlingame D, Seiler T, Tempel G (eds.), *Achieving Excellence in Fundraising* (4th ed., pp. 11–25). Wiley, 2016.

5. Schwartz SH, Bardi A. Value hierarchies across cultures: Taking a similarities perspective. J Cross-Cult Psychol. 2001;32(3):268–90.

6. Calvo R, Zheng Y, Kumar S, Olgiati A, Berkman L. Well-being and social capital on planet earth: Cross-national evidence from 142 countries. PLOS ONE. 2012;7(8):e42793.

7. Scheffer J, Cameron C, McKee S, Hadjiandreou E, Scherer A. (2020). Stereotypes about compassion across the political spectrum. Emotion. June 29 (online ahead of print).

8. Klein KJK, Hodges S D. (2001). Gender differences, motivation, and empathic accuracy: When it pays to understand. Pers Soc Psychol Bull. 27(6): 720–30.

9. Kraus MW, Côté S, Keltner D. Social class, contextualism, and empathic accuracy. Psychol Sci. 2010 Nov;21(11):1716–23.

10. Miller DT, Ratner RK. The disparity between the actual and assumed power of self-interest. J Pers Soc Psychol. 1998 Jan;74(1):53–62.

11. See https://www.thecrimson.com/article/2011/9/2/harvard-values-ranked-survey/.

12. Flynn FJ, Bohns V. (2008). If you need help, just ask: Underestimating compliance with direct requests for help. J Pers Soc Psychol. 95(1): 128–43.

13. Zaki J. Catastrophe compassion: Understanding and extending prosociality under crisis. Trends Cogn Sci. 2020 Aug;24(8):587–89.

14. Drury J. (2018). The role of social identity processes in mass emergency behaviour: An integrative review, Eur Rev Soc Psychol. 29(1): 38–81.

15. Philpot R, Liebst LS, Levine M, Bernasco W, Lindegaard MR. (2020). Would I be helped? Cross-national CCTV footage shows that intervention is the norm in public conflicts. Am Psychol. 75(1), 66–75.

16. Manning R, Levine M, Collins A. (2007). The Kitty Genovese murder and the social psychology of helping: The parable of the 38 witnesses. Am Psychol. 62. 555–62.

17. Levine M, Crowther S. (2008). The responsive bystander: How social group membership and group size can encourage as well as inhibit bystander intervention. J Pers Soc Psychol. 95(6): 1429–39.

18. See https://theconversation.com/do-people-become-more-selfless-as-they-age-130443.

19. Cutler SJ, Hendricks J. (March 2000). Age differences in voluntary association memberships: Fact or artifact, J Gerontol: Series B 55(2): S98–S107.

20. Mongrain M, Barnes C, Barnhart R, Zalan LB. (2018). Acts of kindness re-

duce depression in individuals low on agreeableness. Transl Issues Psychol Sci. 4(3): 323–34.

第三章　给予悖论

1. Grant AM. *Give and Take: A Revolutionary Approach to Success.* Viking, 2013.

2. See https://www.youtube.com/watch?v=rCvhOqThYJ4.

3. Lievens F, Ones DS, Dilchert S. Personality scale validities increase throughout medical school. J Appl Psychol. 2009 Nov;94(6):1514–35.

4. Fritz HL, Helgeson VS. (1998). Distinctions of unmitigated communion from communion: Self-neglect and overinvolvement with others. J Pers Soc Psychol. 75(1): 121.

5. See https://www.ted.com/talks/adam_grant_are_you_a_giver_or_a_taker?language=en.

6. Jackson M. The pursuit of happiness: The social and scientific origins of Hans Selye's natural philosophy of life. Hist Human Sci. 2012 Dec;25(5):13–29.

第四章　你有多自私?

1. Nickell G. (August 1998). "The Helping Attitudes Scale." Paper presented at 106th Annual Convention of the American Psychological Association, San Francisco, CA.

2. Matlock P. (1952). Identical twins discordant in tongue-rolling. J Hered. 43(1): 24.

3. Komai T. (1951). Notes on lingual gymnastics: Frequency of tongue rollers and pedigrees of tied tongues in Japan. J Hered. 42: 293–97.

4. Woods C. "Debunking the Biggest Genetic Myth of the Human Tongue." *PBS News Hour.* Published electronically August 5, 2015.

5. Huml AM, Thornton JD, Figueroa M, Cain K, Dolata J, Scott K, Sullivan C, Se- hgal AR. Concordance of organ donation and other altruistic behaviors among twins. Prog Transplant. 2019 Sep;29(3):225–29.

6. Spalding KL, Bergmann O, Alkass K, Bernard S, Salehpour M, Huttner HB, Boström E, Westerlund I, Vial C, Buchholz BA, Possnert G, Mash DC, Druid H, Frisén J. Dynamics of hippocampal neurogenesis in adult humans. Cell. 2013 Jun 6;153(6):1219–27.

7. Maguire EA, Gadian DG, Johnsrude IS, Good CD, Ashburner J, Frackowiak RS, Frith CD. (April 11, 2000). Navigation-related structural change in the hippocampi of taxi drivers. PNAS 97(8):4398–403.

8. Dweck CS. *Mindset: The New Psychology of Success.* Ballantine, 2008.

9. Schumann K, Zaki J, Dweck CS. Addressing the empathy deficit: Beliefs about the malleability of empathy predict effortful responses when empathy is challenging. J Pers Soc Psychol. 2014 Sep;107(3):475–93.

10. Goleman D, Davidson RJ. *Altered Traits: Science Reveals How Meditation Changes Your Mind, Brain, and Body.* Avery, 2017.

11. Lutz A, Greischar LL, Rawlings NB, Ricard M, Davidson RJ. (November 16, 2004). Long-term meditators self-induce high-amplitude gamma synchrony during mental practice. PNAS 101(46):16369–73.

12. Leung MK, Chan CC, Yin J, Lee CF, So KF, Lee TM. (January 2013). Increased gray matter volume in the right angular and posterior parahippocampal gyri in loving-kindness meditators. Soc Cogn Affect Neurosci. 8(1): 34–39.

13. Weng HY, Fox AS, Shackman AJ, Stodola DE, Caldwell JZK, Olson MC, Rogers GM, Davidson RJ. (July 1, 2013). Compassion training alters altruism and neural responses to suffering. Psychol Sci. 24(7):1171–80.

14. Shin LJ, Layous K, Choi I, Na S, Lyubomirsky S. (2019). Good for self or good for others? The well-being benefits of kindness in two cultures depend on how the kindness is framed. J Posit Psychol. 15(6):795–805.

15. Klimecki OM, Leiberg S, Ricard M, Singer T. (June 2014). Differential pattern of functional brain plasticity after compassion and empathy training. Soc Cogn Affect Neurosci. 9(6): 873–79.

16. Klimecki OM, Leiberg S, Lamm C, Singer T. (July 2013). Functional neural plasticity and associated changes in positive affect after compassion training. Cereb Cortex. 23(7):1552–61.

17. Lim D, Condon P, DeSteno D. Mindfulness and compassion: An examination of mechanism and scalability. PLOS ONE. 2015 Feb 17;10(2):e0118221.

18. Patel S, Pelletier-Bui A, Smith S, Roberts MB, Kilgannon H, Trzeciak S, Roberts BW. Curricula for empathy and compassion training in medical education: A systematic review. PLOS ONE. 2019 Aug 22;14(8):e0221412.

第五章　服务他人时你的大脑和身体

1. Lamm C, Decety J, Singer T. Meta-analytic evidence for common and distinct neural networks associated with directly experienced pain and empathy for pain. Neuroimage. 2011 Feb 1;54(3):2492–502.

2. Klimecki OM, Leiberg S, Lamm C, et al. Functional neural plasticity and

associated changes in positive affect after compassion training. Cereb Cortex. 2013 Jul;23(7):1552–61.

3. Engen HG, Singer T. Compassion-based emotion regulation up-regulates experienced positive affect and associated neural networks. Soc Cogn Affect Neurosci. 2015 Sep;10(9):1291–301.

4. Morelli SA, Sacchet MD, Zaki J. Common and distinct neural correlates of personal and vicarious reward: A quantitative meta-analysis. Neuroimage. 2015 May 15;112:244–253.

5. Goldstein P, Weissman-Fogel I, Dumas G, et al. Brain-to-brain coupling during handholding is associated with pain reduction. PNAS. 2018 Mar 13;115(11):E2528–E2537.

6. Cohen S, Janicki-Deverts D, Turner RB, et al. Does hugging provide stress-buffering social support? A study of susceptibility to upper respiratory infection and illness. Psychol Sci. 2015 Feb;26(2):135–47.

7. Luks A. "Helper's high: Volunteering makes people feel good, physically and emotionally." *Psychology Today,* October 1988, 34–42.

8. Bachner-Melman R, Gritsenko I, Nemanov L, et al. (2005). Dopaminergic polymorphisms associated with self-report measures of human altruism: A fresh phenotype for the dopamine D4 receptor. Mol Psychiatry. 10: 333–35.

9. Swain JE, Konrath S, Brown SL, et al. Parenting and beyond: Common neurocircuits underlying parental and altruistic caregiving. Parent Sci Pract. 2012;12(2–3):115–23.

10. Bernstein E. "Why Being Kind Helps You, Too—Especially Now." *Wall Street Journal,* August 11, 2020.

11. Szeto A, Nation DA, Mendez AJ, et al. Oxytocin attenuates NADPH-dependent superoxide activity and IL-6 secretion in macrophages and vascular cells. Am J Physiol Endocrinol Metab. 2008 Dec;295(6):E1495–501.

12. Brown SL, Brown RM. Connecting prosocial behavior to improved physical health: Contributions from the neurobiology of parenting. Neurosci Biobe- hav Rev. 2015 Aug;55:1–17.

13. Dölen G, Darvishzadeh A, Huang KW, et al. Social reward requires coordinated activity of nucleus accumbens oxytocin and serotonin. Nature. 2013 Sep 12;501(7466):179–84.

14. Han SH, Kim K, Burr JA. Stress-buffering effects of volunteering on salivary cortisol: Results from a daily diary study. Soc Sci Med. 2018 Mar;201:120–126.

15. Inagaki TK, Bryne Haltom KE, Suzuki S, et al. The neurobiology of giving versus receiving support: The role of stress-related and social reward-related neural activity. Psychosom Med. 2016 May;78(4):443–53.

16. Cosley BJ, McCoy SK, Saslow LR, et al. (2010). Is compassion for others stress buffering? Consequences of compassion and social support for physiological reactivity to stress. J Exp Soc Psychol. 46(5):816–23.

17. Field TM, Hernandez-Reif M, Quintino O, et al. Elder retired volunteers benefit from giving massage therapy to infants. J Appl Gerontol. 1998;17(2):229–39.

18. DiSalvo D. "Forget Survival of the Fittest: It Is Kindness That Counts." *Scientific American,* September 1, 2009.

19. Kok BE, Fredrickson BL. Upward spirals of the heart: Autonomic flexibility, as indexed by vagal tone, reciprocally and prospectively predicts positive emotions and social connectedness (published correction appears in Biol Psychol. 2016 May;117:240). Biol Psychol. 2010;85(3):432–36.

20. Stellar JE, Cohen A, Oveis C, et al. Affective and physiological responses to the suffering of others: Compassion and vagal activity. J Pers Soc Psychol. 2015 Apr;108(4):572–85.

21. Fredrickson BL, Grewen KM, Algoe SB, et al. Psychological well-being and the human conserved transcriptional response to adversity. PLOS ONE. 2015 Mar 26;10(3):e0121839.

22. Furman D, Campisi J, Verdin E, et al. Chronic inflammation in the etiology of disease across the life span. Nat Med. 25, 1822–1832 (2019).

23. Nelson-Coffey SK, Fritz MM, Lyubomirsky S, et al. Kindness in the blood: A randomized controlled trial of the gene regulatory impact of prosocial behavior. Psychoneuroendocrinology. 2017 Jul;81:8–13.

24. Pace TW, Negi LT, Dodson-Lavelle B, et al. Engagement with Cognitively-Based Compassion Training is associated with reduced salivary C-reactive protein from before to after training in foster care program adolescents. Psychoneuroendocrinology. 2013 Feb;38(2):294–9.

25. McClelland DC, Krishnit C. (1988). The effect of motivational arousal through films on salivary immunoglobulin A. Psychology & Health 2(1): 31–52.

第六章　通过服务他人获得身体健康

1. Arias E, Tejada-Vera B, Ahmad F. Provisional life expectancy estimates for January through June, 2020. Vital Statistics Rapid Release; no 10. National Center for Health Statistics, February 2021.

2. Poulin MJ, Brown SL, Dillard AJ, et al. Giving to others and the association between stress and mortality. Am J Public Health. 2013 Sep;103 (9):1649–55.

3. Brown SL, Nesse RM, Vinokur AD, et al. Providing social support may be more beneficial than receiving it: Results from a prospective study of mortality. Psychol Sci. 2003 Jul;14(4):320–27.

4. Okun MA, Yeung EW, Brown S. Volunteering by older adults and risk of mortality: A meta-analysis. Psychol Aging. 2013 Jun;28(2):564–77.

5. Oman D, Thoresen CE, McMahon K. Volunteerism and mortality among the community-dwelling elderly. J Health Psychol. 1999 May;4(3):301–16.

6. McClellan WM, Stanwyck DJ, Anson CA. Social support and subsequent mortality among patients with end-stage renal disease. J Am Soc Nephrol. 1993 Oct;4(4):1028–34.

7. O'Reilly D, Rosato M, Moriarty J, et al. Volunteering and mortality risk: A partner-controlled quasi-experimental design. Int J Epidemiol. 2017 Aug 1;46(4):1295–1302.

8. Le Nguyen KD, Lin J, Algoe SB, et al. Loving-kindness meditation slows biological aging in novices: Evidence from a 12–week randomized controlled trial. Psychoneuroendocrinology. 2019 Oct;108:20–27.

9. Hoge EA, Chen MM, Orr E, et al. Loving-Kindness Meditation practice associated with longer telomeres in women. Brain Behav Immun. 2013 Aug;32:159–63.

10. Hainsworth J, Barlow J. Volunteers' experiences of becoming arthritis self-management lay leaders: "It's almost as if I've stopped aging and started to get younger!" Arthritis Rheum. 2001 Aug;45(4):378–83.

11. Arnstein P, Vidal M, Wells-Federman C, et al. From chronic pain patient to peer: benefits and risks of volunteering. Pain Manag Nurs. 2002 Sep;3(3): 94–103.

12. Wang Y, Ge J, Zhang H, et al. Altruistic behaviors relieve physical pain. Proc Natl Acad Sci U S A. 2020 Jan 14;117(2):950–58.

13. López-Solà M, Koban L, Wager TD. Transforming pain with prosocial meaning: A functional magnetic resonance imaging study. Psychosom Med. 2018 Nov/Dec;80(9):814–25.

14. Kochanek KD, Xu JQ, Arias E. Mortality in the United States, 2019. NCHS Data Brief, no. 395. National Center for Health Statistics, 2020.

15. Piferi RL, Lawler KA. Social support and ambulatory blood pressure: An examination of both receiving and giving. Int J Psychophysiol. 2006

Nov;62(2):328–36.

16. Schreier HM, Schonert-Reichl KA, Chen E. Effect of volunteering on risk factors for cardiovascular disease in adolescents: A randomized controlled trial. JAMA Pediatr. 2013 Apr;167(4):327–32.

17. Sneed RS, Cohen S. A prospective study of volunteerism and hypertension risk in older adults. Psychol Aging. 2013 Jun;28(2):578–86.

18. Whillans AV, Dunn EW, Sandstrom GM, et al. Is spending money on others good for your heart? Health Psychol. 2016 Jun;35(6):574–83.

19. Scherwitz L, Berton K, Leventhal H. Type A behavior, self-involvement, and cardiovascular response. Psychosom Med. 1978 Dec;40(8):593–609.

20. Scherwitz L, McKelvain R, Laman C, et al. Type A behavior, self-involvement, and coronary atherosclerosis. Psychosom Med. 1983 Mar;45(1):47–57.

21. Scherwitz L, Graham LE 2nd, Grandits G, et al. Self-involvement and coronary heart disease incidence in the multiple risk factor intervention trial. Psychosom Med. 1986 Mar-Apr;48(3–4):187–99.

22. Matthews KA, Xu W, Gaglioti AH, et al. Racial and ethnic estimates of Alzheimer's disease and related dementias in the United States (2015–2060) in adults aged ≥ 65 years. Alzheimer's Dement. 2019;15(1):17–24.

23. Anderson ND, Damianakis T, Kröger E, et al. The benefits associated with volunteering among seniors: A critical review and recommendations for future research. Psychol Bull. 2014 Nov;140(6):1505–33.

24. Corrêa JC, Ávila MPW, Lucchetti ALG, Lucchetti G. Altruistic behaviour, but not volunteering, has been associated with cognitive performance in community-dwelling older persons. Psychogeriatrics. 2019 Mar;19(2):117–25.

25. Fried LP, Carlson MC, Freedman M, et al. A social model for health promotion for an aging population: Initial evidence on the Experience Corps model. J Urban Health. 2004 Mar;81(1):64–78.

26. Volpi E, Nazemi R, Fujita S. Muscle tissue changes with aging. Curr Opin Clin Nutr Metab Care. 2004;7(4):405–10.

27. Gray K. (2010). Moral transformation: Good and evil turn the weak into the mighty. Soc Psychol Pers Sci. 1(3):253–58.

28. Gruenewald TL, Liao DH, Seeman TE. Contributing to others, contributing to oneself: Perceptions of generativity and health in later life. J Gerontol B Psychol Sci Soc Sci. 2012 Nov;67(6):660–65.

29. Kim ES, Whillans AV, Lee MT, et al. Volunteering and sub-sequent health and well-being in older adults: An outcome-wide longitudinal approach. Am J Prev

Med. 2020 Aug;59(2):176–86.

30. Cohen R, Bavishi C, Rozanski A. Purpose in life and its relationship to all-cause mortality and cardiovascular events: A meta-analysis. Psychosom Med. 2016 Feb-Mar;78(2):122–33.

31. Alimujiang A, Wiensch A, Boss J, et al. Association between life purpose and mortality among US adults older than 50 years. JAMA Netw Open. 2019 May 3;2(5):e194270.

32. Boyle PA, Barnes LL, Buchman AS, et al. Purpose in life is associated with mortality among community-dwelling older persons. Psychosom Med. 2009 Jun;71(5):574–79.

33. Kim ES, Sun JK, Park N, et al. Purpose in life and reduced incidence of stroke in older adults: "The Health and Retirement Study." J Psychosom Res. 2013 May;74(5):427–32.

34. Kim ES, Kawachi I, Chen Y, et al. Association between purpose in life and objective measures of physical function in older adults. JAMA Psychiatry. 2017 Oct 1;74(10):1039–45.

35. Kim ES, Strecher VJ, Ryff CD. Purpose in life and use of preventive health care services. Proc Natl Acad Sci U S A. 2014 Nov 18;111(46):16331–6.

36. Kim ES, Hershner SD, Strecher VJ. Purpose in life and incidence of sleep disturbances. J Behav Med. 2015 Jun;38(3):590–97.

37. House JR, Landis KR, Umberson D. "Social Relationships and Health." *Science,* July 29, 1988, pp. 540–45.

38. Hawkley LC, Thisted RA, Masi CM, et al. Loneliness predicts increased blood pressure: 5–year cross-lagged analyses in middle-aged and older adults. Psychol Aging. 2010 Mar;25(1):132–41.

39. Valtorta NK, Kanaan M, Gilbody S, et al. (2016). Loneliness and social isolation as risk factors for coronary heart disease and stroke: Systematic review and meta-analysis of longitudinal observational studies. Heart. 102:1009–16.

40. Holt-Lunstad J, Smith T. (2016). Loneliness and social isolation as risk factors for CVD: Implications for evidence-based patient care and scientific inquiry. Heart 102(13):987–9.

41. Holt-Lunstad J, Smith TB, Baker M, et al. Loneliness and social isolation as risk factors for mortality: A meta-analytic review. Perspect Psychol Sci. 2015 Mar;10(2):227–37.

42. Lara E, Caballero FF, Rico-Uribe LA, et al. Are loneliness and social isolation associated with cognitive decline? Int J Geriatr Psychiatry. 2019 Nov;34(11):1613–1622.

43. Perissinotto CM, Stijacic Cenzer I, Covinsky KE. Loneliness in older persons: A predictor of functional decline and death. Arch Intern Med. 2012 Jul 23;172(14):1078–83.

第七章　通过服务他人获得心理健康

1. See https://www.nami.org/mhstats.

2. See https://www.psychiatry.org/patients-families/depression/what-is-depression#:~:text=Depression%20affects%20an%20estimated%20one,than%20men%20to%20experience%20depression.

3. Miron O, Yu K, Wilf-Miron R, et al. Suicide rates among adolescents and young adults in the United States, 2000–2017. JAMA. 2019;321(23): 2362–64.

4. Czeisler MÉ, Lane RI, Petrosky E, et al. Mental health, substance use, and suicidal ideation during the COVID-19 pandemic—United States, June 24–30, 2020. MMWR Morb Mortal Wkly. Rep 2020;69:1049–57.

5. Mor N, Winquist J. Self-focused attention and negative affect: A meta-analysis. Psychol Bull. 2002 Jul;128(4):638–62.

6. Padilla-Walker LM, Millett MA, Memmott-Elison MK. (2020). Can helping others strengthen teens? Character strengths as mediators between prosocial behavior and adolescents' internalizing symptoms. J Adolesc 79: 70–80, ISSN 0140–1971.

7. Schacter HL, Margolin G. When it feels good to give: Depressive symptoms, daily prosocial behavior, and adolescent mood. Emotion. 2019 Aug;19(5):923–27.

8. Mascaro J, Kelley S, Darcher A, et al. (2016). Meditation buffers medical student compassion from the deleterious effects of depression. J Posit Psychol. 13(2):133–142.

9. Telzer EH, Fuligni AJ, Lieberman MD, et al. Neural sensitivity to eudaimonic and hedonic rewards differentially predict adolescent depressive symptoms over time. Proc Natl Acad Sci U S A. 2014 May 6;111(18):6600–5.

10. See https://ourworldindata.org/mental-health#:~:text=Prevalence%20of%20depressive%20disorders,relative%20to%20other%20age%20groups.

11. Saarinen A, Keltikangas-Järvinen L, Cloninger CR, et al. The relationship of dispositional compassion for others with depressive symptoms over a 15–year prospective follow-up. J Affect Disord. 2019 May 1;250:354–62.

12. Stirman SW, Pennebaker JW. Word use in the poetry of suicidal and nonsui-

cidal poets. Psychosom Med. 2001 Jul-Aug;63(4):517–22.

13. Crocker J, Canevello A, Breines JG, et al. Interpersonal goals and change in anxiety and dysphoria in first-semester college students. J Pers Soc Psychol. 2010 Jun;98(6):1009–24.

14. Kashdan TB, McKnight PE. Commitment to a purpose in life: An antidote to the suffering by individuals with social anxiety disorder. Emotion. 2013 Dec;13(6):1150–59.

15. Alden L, Trew J. (2012). If it makes you happy: Engaging in kind acts increases positive affect in socially anxious individuals. Emotion 13(1):64–75.

16. Brown SL, Brown RM, House JS, et al. Coping with spousal loss: Potential buffering effects of self-reported helping behavior. Pers Soc Psychol Bull. 2008 Jun;34(6):849–61.

17. Wilkinson H, Whittington R, Perry L, et al. Examining the relationship between burnout and empathy in healthcare professionals: A systematic review. Burn Res. 2017 Sep;6:18–29.

18. McKee A, Wiens K. "Why Some People Get Burned Out and Others Don't." *Harvard Business Review,* November 23, 2016.

19. Taylor SE. (2006). Tend and befriend: Biobehavioral bases of affiliation under stress. Curr Dir Psychol Sci. 15(6):273–77.

20. von Dawans B, Fischbacher U, Kirschbaum C, et al. The social dimension of stress reactivity: Acute stress increases prosocial behavior in hu-mans. Psychol Sci. 2012 Jun;23(6):651–60.

21. Pagano ME, Friend KB, Tonigan JS, et al. Helping other alcoholics in alcoholics anonymous and drinking outcomes: Findings from project MATCH. J Stud Alcohol. 2004 Nov;65(6):766–73.

22. Raposa EB, Laws HB, Ansell EB. Prosocial behavior mitigates the negative effects of stress in everyday life. Clin Psychol Sci. 2016 Jul;4(4):691–98.

23. Doré BP, Morris RR, Burr DA, et al. Helping others regulate emotion predicts increased regulation of one's own emotions and decreased symptoms of depression. Pers Soc Psychol Bull. 2017 May;43(5):729–39.

24. Musick MA, Wilson J. Volunteering and depression: The role of psychological and social resources in different age groups. Soc Sci Med. 2003 Jan;56(2):259–69.

第八章　通过服务他人获得幸福

1. Steger MF, Kashdan T, Oishi S. (2008). Being good by doing good: Daily eudaimonic activity and well-being. J Res Pers 42: 22–42.

2. Csikszentmihalyi M. *Flow: The Psychology of Optimal Experience*. Harper Perennial, 2008.

3. See https://www.ted.com/talks/martin_seligman_the_new_era_of_positive_ psychology/transcript?language=en.

4. Brooks D. *The Second Mountain: The Quest for a Moral Life*. Penguin, 2019.

5. Goleman D, Davidson RJ. *Altered Traits: Science Reveals How Meditation Changes Your Mind, Brain, and Body*. Avery, 2017.

6. Kahneman D, Deaton A. (September 2010). High income improves evaluation of life but not emotional well-being. Proc Natl Acad Sci U S A 107(38): 16489–93.

7. Kashdan TB, Breen WE. (2007). Materialism and diminished well-being: Experiential avoidance as a mediating mechanism. J Soc Clin Psychol. 26(5): 521–39.

8. Borgonovi F. Doing well by doing good: The relationship between formal volunteering and self-reported health and happiness. Soc Sci Med. 2008 Jun;66(11):2321–34.

9. Dunn EW, Aknin LB, Norton MI. Spending money on others promotes happiness. Science. 2008 Mar 21;319(5870):1687–88.

10. Aknin L, Dunn E, Norton M. (2011). Happiness runs in a circular motion: Evidence for a positive feedback loop between prosocial spending and happiness. J Happiness Stud. 13. 347–55.

11. Aknin LB, Barrington-Leigh CP, Dunn EW, et al. (2013). Prosocial spending and well-being: Cross-cultural evidence for a psychological universal. J Pers Soc Psychol. 104(4): 635–52.

12. See https://www.ted.com/talks/elizabeth_dunn_helping_others_makes_us_hap pier_but_it_matters_how_we_do_it/footnotes.

13. Park SQ, Kahnt T, Dogan A, et al. A neural link between generosity and happiness. Nat Commun. 2017 Jul 11;8:15964.

14. Moll J, Krueger F, Zahn R, et al. (2006). Hu-man front-mesolimbic networks guide decisions about charitable donation. Proc Natl Acad Sci U S A. 103: 15623–28.

15. Kumar A, Killingsworth M, Gilovich T. (2020). Spending on doing promotes more moment-to-moment happiness than spending on having. J Exp Soc Psychol. 88. 103971.

16. Nelson SK, Layous K, Cole SW, et al. (2016). Do unto others or treat

yourself? The effects of prosocial and self-focused behavior on psychological flourishing. Emotion. 16(6):850–61.

17. Mongrain M, Chin JM, Shapira LB. (2011). Practicing compassion increases happiness and self-esteem. J Happiness Stud. 12:963–81.

18. Thomas PA. Is it better to give or to receive? Social support and the well-being of older adults. J Gerontol B Psychol Sci Soc Sci. 2010 May;65B(3): 351–57.

第九章　通过服务他人获得成功

1. Gini A. (1998). Work, identity and self: How we are formed by the work we do. J Bus Ethics. 17: 707–14.

2. See http://www.apaexcellence.org/assets/general/phwp_fact_sheet.pdf.

3. See https://www.ted.com/talks/shawn_achor_the_happy_secret_to_better_work?language=en.

4. Caprara GV, Barbaranelli C, Pastorelli C, et al. Prosocial foundations of children's academic achievement. Psychol Sci. 2000 Jul;11(4): 302–6.

5. Vergunst F, Tremblay RE, Nagin D, et al. Association between childhood behaviors and adult employment earnings in Canada. JAMA Psychiatry. 2019 Oct 1;76(10):1044–51.

6. Jones D, Greenberg M, Crowley D. (2015). Early social-emotional functioning and public health: The relationship between kindergarten social competence and future wellness. Am J Public Health. 105. e1–e8.

7. Layous K, Nelson SK, Oberle E, et al. Kindness counts: Prompting prosocial behavior in preadolescents boosts peer acceptance and well-being. PLOS ONE. 2012;7(12):e51380.

8. Eskreis-Winkler L, Milkman KL, Gromet DM, et al. (2019). A large-scale field experiment shows giving advice improves academic outcomes for the advisor. Proc Natl Acad Sci U S A. 116(30):14808–10.

9. Anderson C, Sharps DL, Soto CJ, et al. (September 2020). People with disagreeable personalities (selfish, combative, and manipulative) do not have an advantage in pursuing power at work. Proc Natl Acad Sci U S A. 117(37): 22780–86.

10. Hollander EP. (1958). Conformity, status, and idiosyncrasy credit. Psychol Rev. 65(2):117–27.

11. Hardy CL, Van Vugt M. Nice guys finish first: The competitive altruism hypothesis. Pers Soc Psychol Bull. 2006 Oct;32(10):1402–13.

12. Kim E, Glomb TM. Get smarty pants: Cognitive ability, personality, and victimization. J Appl Psychol. 2010 Sep;95(5):889–901.

13. Grant A, Campbell E, Chen G, Cottone K, Lapedis D, Lee K. (2007). Impact and the art of motivation maintenance: The effects of contact with beneficiaries on persistence behavior. Organ Behav Hum Decis Process. 103: 53–67.

14. Grant AM. The significance of task significance: Job performance effects, relational mechanisms, and boundary conditions. J Appl Psychol. 2008 Jan;93(1):108–24.

15. Stavrova O, Ehlebracht D. Cynical beliefs about human nature and income: Longitudinal and cross-cultural analyses. J Pers Soc Psychol. 2016 Jan;110(1):116–32.

16. Eriksson K, Vartanova I, Strimling P, et al. Generosity pays: Selfish people have fewer children and earn less money. J Pers Soc Psychol. 2020 Mar;118(3):532–44.

17. Brooks AC. (2007). Does giving make us prosperous? J Econ Finan. 31: 403–11.

18. Brooks AC. "Why Giving Matters." *Y Magazine,* summer 2009.

19. De Dreu CK, Weingart LR, Kwon S. Influence of social motives on integrative negotiation: A meta-analytic review and test of two theories. J Pers Soc Psychol. 2000 May;78(5):889–905.

20. Hougaard R, Carter J, Chester L. "Power Can Corrupt Leaders. Compassion Can Save Them." *Harvard Business Review,* February 15, 2018.

21. Owen D, Davidson J. (May 2009). Hubris syndrome: An acquired personality disorder? A study of US Presidents and UK Prime Ministers over the last 100 years. Brain. 132(5):1396–1406.

22. Tyran K. (2000). When leaders display emotion: How followers respond to negative emotional expression of male and female leaders. J Organ Behav. 21: 221–34.

23. Zengler J, Folkman J. "Your Employees Want the Negative Feedback You Hate to Give." *Harvard Business Review,* January 15, 2014.

24. Boehler ML, Rogers DA, Schwind CJ, et al. An investigation of medical student reactions to feedback: A randomised controlled trial. Med Educ. 2006 Aug;40(8):746–49.

25. Westberg J, Hilliard J. *Fostering Reflection and Providing Feedback: Helping Others Learn from Experience.* Springer, August 22, 2001.

26. Webster J, Duvall J, Gaines L, Smith R. (2003). The roles of praise and social comparison information in the experience of pride. J Soc Psychol. 143: 209–32.

27. Banerjee R, Bennett M, Luke N. Children's reasoning about the self-presentational consequences of apologies and excuses following rule violations. Br J Dev Psychol. 2010 Nov;28(Pt 4):799–815.

28. Baumeister RF, Bratslavsky E, Muraven M, et al. (1998). Ego depletion: Is the active self a limited resource? J Pers Soc Psychol. 74(5):1252–65.

29. Konrath S, Handy F. (2020). The good-looking giver effect: The relationship between doing good and looking good. Nonprofit and Voluntary Sector Quarterly 50(2):283–311.

30. Grant A, Berry J. (2011). The necessity of others is the mother of invention: Intrinsic and prosocial motivations, perspective taking, and creativity. Acad Manag J 54: 73–96.

31. Chancellor J, Margolis S, Jacobs Bao K, et al. Everyday prosociality in the workplace: The reinforcing benefits of giving, getting, and glimpsing. Emotion. 2018 Jun;18(4):507–17.

32. Flynn L, Liang Y, Dickson GL, et al. Nurses' practice environments, error interception practices, and inpatient medication errors. J Nurs Scholarsh. 2012 Jun;44(2):180–86.

第十章　动机问题

1. Savary J, Goldsmith K. (2020). Unobserved altruism: How self-signaling motivations and social benefits shape willingness to donate. J Exp Psychol. Appl 26(3):538–550.

2. Susewind M, Walkowitz G. Symbolic moral self-completion: Social recognition of prosocial behavior reduces subsequent moral striving. Front Psychol. 2020 Sep 4;11:560188.

3. Ariely D, Bracha A, Meier S. (2009). Doing good or doing well? Image motivation and monetary incentives in behaving prosocially. American Economic Review. 99(1):544–55.

4. Qu H, Konrath S, Poulin M. (2020). Which types of giving are associated with reduced mortality risk among older adults? Pers Indiv Diff. 154: 109668.

5. Brown AL, Meer J, Williams JF. (2019). Why do people volunteer? An experimental analysis of preferences for time donations. Manag Sci. 65(4): 1455–68.

6. Tashjian SM, Rahal D, Karan M, et al. Evidence from a randomized controlled trial that altruism moderates the effect of prosocial acts on adolescent well-being. J Youth Adolesc. 2021;50(1):29–43.

7. Harbaugh WT, Mayr U, Burghart DR. Neural responses to taxation and

voluntary giving reveal motives for charitable donations. Science. 2007 Jun 15;316(5831):1622–25.

8. Nonaka K, Fujiwara Y, Watanabe S, et al. Is un-willing volunteering protective for functional decline? The interactive effects of volunteer willingness and engagement on health in a 3–year longitudinal study of Japanese older adults. Geriatr Gerontol Int. 2019 Jul;19(7):673–78.

9. Weinstein N, Ryan RM. When helping helps: Autonomous motivation for prosocial behavior and its influence on well-being for the helper and recipient. J Pers Soc Psychol. 2010 Feb;98(2):222–44.

10. Stukas AA, Hoye R, Nicholson M, et al. Motivations to volunteer and their associations with volunteers' well-being. Nonprofit Volunt Sect Q. 2016;45(1):112–32.

11. Konrath S, Fuhrel-Forbis A, Lou A, Brown S. Motives for volunteering are associated with mortality risk in older adults. Health Psychol. 2012 Jan;31(1):87–96.

12. Cutler J, Campbell-Meiklejohn D. A comparative fMRI meta-analysis of altruistic and strategic decisions to give. Neuroimage. 2019 Jan 1;184:227–41.

13. Hein G, Morishima Y, Leiberg S, Sul S, Fehr E. (2016). The brain's functional network architecture reveals human motives. Science. 351:1074–78.

14. Kahana E, Bhatta T, Lovegreen LD, Kahana B, Midlarsky E. Altruism, helping, and volunteering: Pathways to well-being in late life. J Aging Health. 2013;25(1):159–87.

15. Gleason ME, Iida M, Bolger N, Shrout PE. Daily supportive equity in close relationships. Pers Soc Psychol Bull. 2003 Aug;29(8):1036–45.

16. Batson CD, Duncan BD, Ackerman P, Buckley T, Birch K. (1981). Is empathic emotion a source of altruistic motivation? J Pers Soc Psychol. 40(2):290–302.

17. Morelli SA, Lee IA, Arnn ME, Zaki J. Emotional and instrumental support provision interact to predict well-being. Emotion. 2015;15(4):484–93.

18. Sonnentag S, Grant AM. (2012). Doing good at work feels good at home, but not right away: When and why perceived prosocial impact predicts positive affect. Pers Psychol. 65:495–530.

19. Jordan J, Yoeli E, Rand DG. Don't get it or don't spread it? Comparing self-interested versus prosocial motivations for COVID-19 prevention behaviors. Sci Rep. 2021;11(1):20222.

20. Larson EB, Yao X. Clinical empathy as emotional labor in the patient-physician relationship. JAMA. 2005 Mar 2;293(9):1100–6.

21. Shin LJ, Layous K, Choi I, Na S, Lyubomirsky S. (2019). Good for self or good for others? The well-being benefits of kindness in two cultures depend on how the kindness is framed. J Posit Psychol. 15(6): 795–805.

第十一章　从小事做起：16 分钟的处方

1. O'Connor D, Wolfe D. (1991). From crisis to growth at midlife: Changes in personal paradigm. J Organ Behav. 12: 323–40.

2. Mogilner C, Chance Z, Norton MI. Giving time gives you time. Psychol Sci. 2012 Oct 1;23(10):1233–38.

3. Fogarty LA, Curbow BA, Wingard JR, et al. Can 40 seconds of compassion reduce patient anxiety? J Clin Oncol. 1999 Jan;17(1):371–79.

4. Fujiwara Y, Sugihara Y, Shinkai S. (Effects of volunteering on the mental and physical health of senior citizens: Significance of senior-volunteering from the view point of community health and welfare). Nihon Koshu Eisei Zasshi. 2005 Apr;52(4):293–307.

5. Windsor TD, Anstey KJ, Rodgers B. Volunteering and psychological well-being among young-old adults: How much is too much? Gerontologist. 2008 Feb;48(1):59–70.

6. Booth J, Park K, Glomb T. (2009). Employer-supported volunteering benefits: Gift exchange among employers, employees, and volunteer organizations. Hum Resour Manag J. 48(2):227–249.

7. Kim ES, Whillans AV, Lee MT, Chen Y, VanderWeele TJ. Volunteering and subsequent health and well-being in older adults: An outcome-wide longitudinal approach. Am J Prev Med. 2020 Aug;59(2):176–86.

8. Park SQ, Kahnt T, Dogan A, Strang S, Fehr E, Tobler PN. A neural link between generosity and happiness. Nat Commun. 2017 Jul 11;8:15964.

9. Cialdini R, Schroeder D. (1976). Increasing compliance by legitimizing paltry contributions: When even a penny helps. J Pers Soc Psychol. 34: 599–604.

10. Aknin LB, Sandstrom GM, Dunn EW, Norton MI. It's the recipient that counts: Spending money on strong social ties leads to greater happiness than spending on weak social ties. PLOS ONE. 2011;6(2):e17018.

11. Kogan A, Impett E, Oveis C, Bryant HUI, Gordon A, Keltner D. (2010). When giving feels good. Psychol Sci. 21(12):1918–24.

12. Dew J, Wilcox W. (2013). Generosity and the maintenance of marital quality. J Marriage Fam. 75:1218–28.

13. Stavrova O. Having a happy spouse is associated with lowered risk of mortality. Psychol Sci. 2019 May;30(5):798–803.

14. Rowland L, Curry OS. A range of kindness activities boost happiness. J Soc Psychol. 2019;159(3):340–43.

15. Joiner T. *Why People Die by Suicide.* Harvard University Press, 2007.

第十二章　心存感恩

1. Ma LK, Tunney RJ, Ferguson E. Does gratitude enhance prosociality?: A meta-analytic review. Psychol Bull. 2017 Jun;143(6):601–35.

2. Karns CM, Moore WE, Mayr U. The cultivation of pure altruism via gratitude: A functional MRI study of change with gratitude practice. Front Hum Neurosci. 2017 Dec 12;11:599.

3. Bartlett M, Condon P, Cruz J, et al. (2011). Gratitude: Prompting behaviours that build relationships. Cogn Emot. 26: 2–13.

4. Bartlett M, DeSteno D. (2006). Gratitude and prosocial behavior: Helping when it costs you. Psychol Sci. 17: 319–25.

5. DeSteno D, Bartlett MY, Baumann J, Williams LA, Dickens L. Gratitude as moral sentiment: Emotion-guided cooperation in economic exchange. Emotion. 2010 Apr;10(2):289–93.

6. Froh J, Bono G, Emmons R. (2010). Being grateful is beyond good manners: Gratitude and motivation to contribute to society among early adolescents. Motiv Emot. 34: 144–57.

7. Kumar A, Epley N. (2018). Undervaluing gratitude: Expressers misunderstand the consequences of showing appreciation. Psychol Sci. 2018;29(9): 1423–1435.

第十三章　要有目的性

1. Chau VM, Engeln JT, Axelrath S, Khatter SJ, Kwon R, Melton MA, Reinsvold MC, Staley VM, To J, Tanabe KJ, Wojcik R. Beyond the chief complaint: Our patients' worries. J Med Humanit. 2017 Dec;38(4):541–47.

2. Darley JM, Batson CD. (1973). "From Jerusalem to Jericho": A study of situational and dispositional variables in helping behavior. J Pers Soc Psychol. 27(1):100–8.

3. Van Tongeren DR, Green JD, Davis DE, Hook JN, Hulsey TL. (2016). Prosociality enhances meaning in life. J Posit Psychol. 11(3):225–36.

4. Broadfoot M. "Teens and Other Volunteers Help Seniors Find Scarce COVID Shots." *Scientific American,* March 3, 2021.

第十四章 寻找共同点

1. Kalmoe N, Mason L. (2018). Lethal mass partisanship: Prevalence, correlates, and electoral contingencies. Paper presented at the 2018 American Political Science Association's Annual Meeting, Boston, MA.

2. Vavreck L. "A Measure of Identity: Are You Wedded to Your Party?" *New York Times,* January 31, 2017.

3. Depow GJ, Francis ZL, Inzlicht M. (December 11, 2020). The experience of empathy in everyday life. Psychol Sci. 2021;32(8):1198–1213.

4. Levine M, Prosser A, Evans D, et al. Identity and emergency intervention: How social group membership and inclusiveness of group boundaries shape helping behavior. Pers Soc Psychol Bull. 2005 Apr;31(4):443–53.

5. Batson CD, Polycarpou M, Harmon-Jones E, et al. (1997). Empathy and attitudes: Can feeling for a member of a stigmatized group improve feelings toward the group? J Pers Soc Psychol. 72:105–18.

6. Nai J, Narayanan J, Hernandez I, et al. People in more racially diverse neighborhoods are more prosocial. J Pers Soc Psychol. 2018 Apr;114 (4):497–515.

7. Hein G, Silani G, Preuschoff K, et al. Neural responses to ingroup and outgroup members' suffering predict individual differences in costly helping. Neuron. 2010 Oct 6;68(1):149–60.

8. Pavey L, Greitemeyer T, Sparks P. "I help because I want to, not because you tell me to": Empathy increases autonomously motivated helping. Pers Soc Psychol Bull. 2012 May;38(5):681–89.

9. Klimecki OM, Mayer SV, Jusyte A, et al. Empathy promotes altruistic behavior in economic interactions. Sci Rep. 2016 Aug 31;6:31961.

10. Liberman V, Samuels SM, Ross L. The name of the game: Predictive power of reputations versus situational labels in determining Prisoner's Dilemma game moves. Pers Soc Psychol Bull. 2004;30(9):1175–85.

11. Bloom P. *Against Empathy: The Case for Rational Compassion.* Ecco, 2016.

12. Bruneau EG, Cikara M, Saxe R. Parochial empathy predicts reduced altruism and the endorsement of passive harm. Soc Psychol Pers Sci. 2017;8(8):934–42.

13. Simas E, Clifford S, Kirkland J. (2020). How empathic concern fuels political polarization. Am Political Sci Rev. 114(1):258–69.

第十五章 看到

1. Lim D, DeSteno D. (2020). Past adversity protects against the numeracy bias

in compassion. Emotion. 20(8):1344–56.

2. See https://www.ted.com/talks/elizabeth_dunn_helping_others_makes_us_happier_but_it_matters_how_we_do_it/transcript?language=en.

3. Aknin LB, Dunn EW, Whillans AV, et al. (April 2013). Making a difference matters: Impact unlocks the emotional benefits of prosocial spending. J Econ Behav Org. 88: 90–95.

4. Cryder C, Loewenstein G, Scheines R. (2013). The donor is in the details. Org Behav Human Decis Process. 120: 15–23.

5. Rudd M, Aaker J, Norton MI. (2014). Getting the most out of giving: Concretely framing a prosocial goal maximizes happiness. J Exp Soc Psychol. 54: 11–24.

6. Ko K, Margolis S, Revord J, et al. (2019). Comparing the effects of performing and recalling acts of kindness. J Posit Psychol. 16(1):73–81.

7. Wiwad D, Aknin LB. (2017). Motives matter: The emotional consequences of recalled self-and other-focused prosocial acts. Motiv Emot. 41(6):730–40.

8. Grant A, Dutton J. Beneficiary or benefactor: Are people more prosocial when they reflect on receiving or giving? Psychol Sci. 2012;23(9):1033–39.

9. Zaki J. *The War for Kindness*. Crown, 2019.

10. Weisz E, Ong DC, Carlson RW, et al. Building empathy through motivation-based interventions. Emotion. 2021;21(5):990–999.

11. Nook EC, Ong DC, Morelli SA, et al. Prosocial conformity: Prosocial norms generalize across behavior and empathy. Pers Soc Psychol Bull. 2016 Aug;42(8):1045–62.

第十六章　提升

1. Algoe SB, Haidt J. Witnessing excellence in action: The "other-praising" emotions of elevation, gratitude, and admiration. J Posit Psychol. 2009;4(2):105–27.

2. Schnall S, Roper J, Fessler DM. Elevation leads to altruistic behavior. Psychol Sci. 2010 Mar;21(3):315–20.

3. Sparks AM, Fessler DMT, Holbrook C. Elevation, an emotion for prosocial contagion, is experienced more strongly by those with greater expectations of the cooperativeness of others. PLOS ONE. 2019 Dec 4;14(12):e0226071.

4. Schnall S, Roper J. (2012). Elevation puts moral values into action. Soc Psychol Pers Sci. 3: 373–78.

5. Jung H, Seo E, Han E, et al. Prosocial modeling: A meta-analytic review and synthesis. Psychol Bull. 2020 Aug;146(8):635–63.

6. Fowler JH, Christakis NA. Dynamic spread of happiness in a large social network: Longitudinal analysis over 20 years in the Framingham Heart Study. BMJ. 2008 Dec 4;337:a2338.

7. Fowler JH, Christakis NA. Cooperative behavior cascades in human social networks. Proc Natl Acad Sci U S A. Mar 2010, 107 (12):5334–5338.

8. See https://www.eurekalert.org/news-releases/869835.

9. Chancellor J, Margolis S, Lyubomirsky S. (2016). The propagation of everyday prosociality in the workplace. J Posit Psychol. 1–13.

10. Bakker AB, Le Blanc PM, Schaufeli WB. Burnout contagion among intensive care nurses. J Adv Nurs. 2005 Aug;51(3):276–87.

11. Woolum A, Foulk T, Lanaj K, et al. (2017). Rude color glasses: The contaminating effects of witnessed morning rudeness on perceptions and behaviors throughout the workday. J Appl Psychol. 102(12):1658–72.

12. Foulk T, Woolum A, Erez A. Catching rudeness is like catching a cold: The contagion effects of low-intensity negative behaviors. J Appl Psychol. 2016 Jan;101(1):50–67.

13. Rees MA, Kopke JE, Pelletier RP, et al. A nonsimultaneous, extended, altruistic-donor chain. N Engl J Med. 2009 Mar 12;360(11):1096–101.

第十七章　了解你的力量

1. Booker C. *United: Thoughts on Finding Common Ground and Advancing the Common Good.* Ballantine, 2016.

2. Barefoot JC, Brummett BH, Williams RB, et al. (May 23, 2011). Recovery expectations and long-term prognosis of patients with coronary heart disease. Arch Intern Med. 171(10):929–35.

3. Tedeschi R, Calhoun L. (2004). Posttraumatic growth: Conceptual foundations and empirical evidence. Psychol Inq. 15: 1–18.

4. Baumeister RF, Vohs KD, Aaker JL, Garbinsky EN. (2013). Some key differences between a happy life and a meaningful life. J Posit Psychol. 8(6):505–16.

5. Brickman P, Coates D, Janoff-Bulman R. Lottery winners and accident victims: Is happiness relative? J Pers Soc Psychol. 1978 Aug;36(8):917–27.

6. Van Tongeren DR, Hibbard R, Edwards M, Johnson E, Diepholz K, Newbound H, Shay A, Houpt R, Cairo A, Green J D. (2018). Heroic helping: The effects of priming superhero images on prosociality. Front Psychol. 9, Article 2243.

7. Rushton JP. (1975). Generosity in children: Immediate and long-term effects of modeling, preaching, and moral judgment. J Pers Soc Psychol. 31: 459–66.

8. Doohan I, Saveman BI. Need for compassion in prehospital and emergency care: A qualitative study on bus crash survivors' experiences. Int Emerg Nurs. 2015 Apr;23(2):115–19.